普通高等学校计算机教育"十四五"规划教材

MySQL 数据库原理及实践教程

乔钢柱 ◎ 主　编

张晓华　井　超　李晓波 ◎ 副主编

U0420393

中国铁道出版社有限公司
CHINA RAILWAY PUBLISHING HOUSE CO., LTD.

内 容 简 介

本书以零基础讲解为宗旨,用实例引导读者学习,深入浅出地介绍了 MySQL 数据库的相关知识和实战技能,内容详尽,实例丰富。

全书共分为 8 章,包括数据库基础知识、数据库的基本操作、数据表的基本操作、数据类型和运算符、视图和触发器、事务管理、MySQL 连接器 JDBC 和连接池、常见函数和数据管理。每章节后包含了与本书内容全程同步的综合案例教学,并配有微视频详细讲解。

本书适合作为高等院校学习 MySQL 数据库课程的教学用书,也可作为编程初学者学习 MySQL 数据库的参考书,对于希望系统学习 MySQL 数据库的人员也具有参考价值。

图书在版编目(CIP)数据

MySQL数据库原理及实践教程/乔钢柱主编. —北京:中国铁道出版社有限公司,2022.8
普通高等学校计算机教育"十四五"规划教材
ISBN 978-7-113-29071-9

Ⅰ.①M… Ⅱ.①乔… Ⅲ.①关系数据库系统-高等学校-教材 Ⅳ.①TP311.132.3

中国版本图书馆CIP数据核字(2022)第063147号

书　　名:	MySQL 数据库原理及实践教程
作　　者:	乔钢柱
策　　划:	王春霞　　　　　　　　编辑部电话:(010) 51873035
责任编辑:	王春霞　王占清
封面设计:	刘　颖
责任校对:	安海燕
责任印制:	樊启鹏

出版发行:中国铁道出版社有限公司 (100054,北京市西城区右安门西街8号)
网　　址:http://www.tdpress.com/51eds/
印　　刷:三河市宏盛印务有限公司
版　　次:2022年8月第1版　2022年8月第1次印刷
开　　本:850 mm×1 168 mm　1/16　印张:12.75　字数:326千
书　　号:ISBN 978-7-113-29071-9
定　　价:39.00元

版权所有　侵权必究

凡购买铁道版图书,如有印制质量问题,请与本社教材图书营销部联系调换。电话:(010) 63550836
打击盗版举报电话:(010) 63549461

前言

MySQL 是由瑞典 MySQL AB 公司开发的数据库管理系统（DBMS），其特点为体积小、速度快且完全免费开源，因而被中小公司和程序员推崇。2008 年 1 月，MySQL AB 公司被 Sun 公司收购，后来 Sun 公司又被 Oracle 公司收购，所以，目前 MySQL 在 Oracle 旗下。经历多次公司的兼并和重组，同时被 Oracle 公司升级开发，因而 MySQL 的功能也越来越强大，同时仍旧保持其最初优点，因而应用依然非常广泛。

本书以目前比较流行的 MySQL 5.5 版本为平台，结合当前数据库教学和应用开发实践，对全书进行了设计编写。MySQL 的主要功能包括创建数据库和表及表记录操作、数据类型和运算符、数据库的视图和触发器、数据库事务、常见函数和数据管理等。MySQL 命令分层缩进，实例前后形成系统，运行结果直观清晰。

本书融合数据基础和 MySQL 实现于一体，系统性、应用性强，注重实践，并且从方便教和学两个角度组织内容、调试实例和安排综合应用。

使用本书时，建议初学者按照章节顺序从头至尾完成阅读学习，同时也应进行一定的实操练习。本书也可作为有一定基础的读者案头的参考书，针对相应技术、配置方式等查阅使用。

全书共分为 8 章，系统全面地以 MySQL 为实现平台介绍了数据库系统的原理及实现。第 1 章主要对和数据库系统相关的部分概念作简单介绍。第 2 章开篇概述了 MySQL 的产生和发展过程，并介绍了 MySQL 的组成部分及优势，MySQL 的安装与配置、启动、暂停和退出、MySQL 管理工具的使用和实用程序以及数据库的基本操作等。第 3 章对数据表的各种操作进行了介绍，讲解了约束条件、默认规则；在检索记录表方面从介绍 SELECT 基本查询开始，逐步深入一些复杂的内容。第 4 章开篇先介绍了 MySQL 的几种基本数据类型，本章最后的综合案例也提供了完整代码，并附带详细注解供读者参考。第 5 章对视图和触发器的相关概念进行了论述。第 6 章对事务机制、事务的提交及事务的回滚和事务的特征与隔离进行了介绍，读者通过实例可以体会事务管理的相关方法。第 7 章介绍了 MySQL 连接器的相关概念，综合案例中的学生选课系统也提供了完整代码供读者练习体会 MySQL 连接 JDBC 的方法。第 8 章介绍了 MySQL 中的一些常见函数的功能和用法，主要讲解了 MySQL 的备份和恢复以及它们的语法格式和相关说明，最后介绍了用户管理。

在本书编写过程中，乔钢柱负责撰写第1章，李晓波负责撰写第2章，张晓华负责撰写第3、4、5、6章，井超撰写第7、8章，最后全书由乔钢柱负责统稿，并任主编。

特别感谢中北大学曾建潮教授对本书的指导，中北大学大数据学院数据科学与大数据技术专业2017级本科生张苗苗同学为本书提供的协助。在此，也衷心感谢中国铁道出版社有限公司的编辑为本书顺利出版所付出的努力。

编　者

2022年2月

于中北大学怡丁苑

目 录

第1章　数据库基础知识 1
  1.1　数据库系统 1
      1.1.1　数据、信息、数据库 2
      1.1.2　数据库管理系统 2
      1.1.3　数据库管理系统的分类 3
  1.2　数据库系统结构 3
      1.2.1　数据库系统模式的概念 3
      1.2.2　数据库系统的三级模式结构 3
      1.2.3　数据库的二级映像功能与数据独立性 5
      1.2.4　数据库系统用户结构 5
  1.3　关系数据库 7
      1.3.1　关系数据库概述 7
      1.3.2　关系数据库设计 7
      1.3.3　关系数据库的完整性 13
  1.4　结构化查询语言SQL 15
      1.4.1　SQL概述 15
      1.4.2　SQL语言特点及基本语法 16
      1.4.3　SQL语句分类 16
      1.4.4　SQL的四种基本操作 16
  1.5　实体关系模型 19
  小结 22
  经典习题 22

第2章　数据库的基本操作 23
  2.1　MySQL的概述 23
      2.1.1　MySQL的产生和发展 23
      2.1.2　MySQL的组成 24

  2.1.3 MySQL的优势 25
2.2 MySQL的安装和管理 25
  2.2.1 下载MySQL 25
  2.2.2 启动、暂停或退出MySQL 27
2.3 MySQL工具和实用程序 29
  2.3.1 MySQL命令行实用程序 29
  2.3.2 实用程序常用的图形化管理工具 29
2.4 数据库的创建 30
  2.4.1 数据库的构成 30
  2.4.2 使用命令行窗口创建数据库 31
  2.4.3 使用图形化工具创建数据库 31
2.5 数据库的查看和选择 32
2.6 数据库的删除 32
  2.6.1 使用命令行窗口删除数据库 33
  2.6.2 使用图形化工具删除数据库 33
2.7 综合案例——数据库的创建和删除 33
小结 36
经典习题 36

第3章 数据表的基本操作 37

3.1 创建表 37
  3.1.1 创建表的语法形式 37
  3.1.2 使用SQL语句设置约束条件 38
  3.1.3 使用图形化工具创建表并设置约束条件 41
3.2 查看表结构 42
  3.2.1 使用SQL语句查看表结构 42
  3.2.2 使用图形化工具查看表结构 42
3.3 修改表 43
  3.3.1 使用SQL语句修改数据表 44
  3.3.2 使用图形化工具修改数据表 49
3.4 删除表 50
  3.4.1 使用SQL语句删除数据表 50
  3.4.2 使用图形化工具删除数据表 51

3.5 检索记录表 52
3.5.1 SELECT基本查询 52
3.5.2 条件查询 56
3.5.3 分组查询 57
3.5.4 表的连接 59
3.5.5 子查询 61
3.5.6 联合查询 63
3.6 综合案例——学生选课系统综合查询 64
小结 68
经典习题 68

第4章 数据类型和运算符 69
4.1 MySQL基本数据类型 69
4.1.1 整数类型 69
4.1.2 小数类型 72
4.1.3 字符串类型 74
4.1.4 日期时间类型 75
4.1.5 复合数据类型 78
4.1.6 二进制类型 80
4.2 MySQL运算符 80
4.2.1 算术运算符 80
4.2.2 比较运算符 81
4.2.3 逻辑运算符 82
4.2.4 位运算符 83
4.2.5 运算符优先级 84
4.3 字符集设置 85
4.3.1 MySQL字符集与字符排序规则 85
4.3.2 MySQL字符集的设置 86
4.4 综合案例——算术操作符 87
小结 96
经典习题 96

第5章 视图和触发器 97

5.1 视图 97
5.1.1 视图概述 97
5.1.2 创建视图 98
5.1.3 查看视图 102
5.1.4 管理视图 104
5.1.5 使用视图 105

5.2 触发器 108
5.2.1 创建触发器 108
5.2.2 使用触发器 109
5.2.3 查看触发器 110
5.2.4 删除触发器 110
5.2.5 触发器的应用 111

5.3 综合案例——视图及触发器的应用 113
5.3.1 系统主要功能 113
5.3.2 E-R图 113
5.3.3 逻辑结构 115
5.3.4 数据库实施 117

小结 122
经典习题 122

第6章 事务管理 123

6.1 事务机制概述 123
6.2 事务的提交 125
6.3 事务的回滚 127
6.4 事务的特征和隔离 129
6.4.1 事务的四大特性 129
6.4.2 事务的隔离级别 132

6.5 解决多用户使用问题 132
6.5.1 脏读 132
6.5.2 不可重复读 134
6.5.3 幻读 136

6.6 综合案例——银行转账业务的事务处理 137

小结 140
经典习题 140

第7章 MySQL连接器JDBC和连接池 141

7.1 MySQL连接器 141
7.2 MySQL数据库连接过程 142
7.3 JDBC对象数据库操作 145
  7.3.1 增加数据 145
  7.3.2 修改数据 145
  7.3.3 删除数据 145
  7.3.4 查询数据 146
  7.3.5 批处理 146
7.4 开源连接池 146
7.5 综合案例——学生选课系统 147
小结 165
经典习题 166

第8章 常见函数和数据管理 167

8.1 常见函数 167
  8.1.1 数学函数 167
  8.1.2 字符串函数 172
  8.1.3 时间日期函数 175
  8.1.4 数据类型转换函数 177
  8.1.5 控制流程函数 177
  8.1.6 系统信息函数 178
8.2 数据库备份与还原 179
  8.2.1 数据的备份 179
  8.2.2 数据的还原 180
8.3 MySQL的用户管理 182
  8.3.1 数据库用户管理 182
  8.3.2 用户权限设置 184
8.4 综合案例——数据库备份与恢复 187
小结 194
经典习题 194

第1章 数据库基础知识

数据库可视为电子化的文件柜——存储电子文件的处所,用户可以对文件中的数据(运行)新增、截取、更新、删除等操作。

数据库是以一定方式存储在一起、能给予多个用户共享、具有尽可能小的冗余度、与应用程序彼此独立的数据集合。

数据库的系统结构是对数据的三个抽象级别,它们分别是内模式、概念模式和外模式。这个三级结构之间一般差别很大,为了实现这三个抽象级别在内部联系和转换,数据库管理系统在三级结构之间提供了两个层次的映像:外模式/概念模式映像、概念模式/内模式映像。这两层映像保证了数据库系统中的数据能够具有较高的逻辑独立性和物理独立性。

从最终用户角度来看,数据库系统分为单用户结构、主从式结构、客户/服务器结构和分布式结构。

本章还介绍了数据库的设计。在关系数据库方面,主要介绍了规范关系数据库的理论,并给出了一个相应的实例。

视频

数据库基础知识

学习目标

- 掌握数据库管理系统的主要功能
- 了解关系型数据库相关概念
- 掌握 SQL 的使用方法

1.1 数据库系统

数据库系统是一个比较宽泛的概念,它包括数据库、数据库管理系统以及使用数据库的用户和支撑数据库管理系统运行的软硬件。在此仅对和数据库系统相关的部分概念作简单介绍,更深入的知识请读者参考相关教材或书籍。

1.1.1 数据、信息、数据库

1. 数据

数据（Data）是描述事物的符号记录，是数据库中存储的基本对象。数据可以是数值数据，如某个具体数字，也可以是非数值数据，如声音、图像等。虽然数据有多种表现形式，但经过数字化处理后，都可以输入并存储到计算机，并能为其处理的符号序列。

2. 信息

信息（Information）是具有一定含义的、经过加工的、对决策有价值的数据。所以说信息是有用的数据，数据是信息的表现形式。数据如果不具有知识性和有用性则不能称为信息。从信息处理角度看，任何事物的属性都是通过数据来表示的，数据经过加工处理后，使其具有知识性并对人类活动产生决策作用，从而形成信息。信息有如下特点：无限性、共享性、创造性。

3. 信息与数据的关系

在计算机中，为了存储和处理某些事物，需要抽象出对这些事物感兴趣的特征组成一个记录来描述。例如，学生档案中，如果人们感兴趣的是学生的姓名、性别、年龄、出生年月、籍贯、所在系别、入学日期，就可以这样描述：李明，男，21，1985，浙江，计算机系，2004，因此这里的学生记录就是数据。它的含义即所含信息是：李明是个大学生，1985 年出生，男，浙江人，2004 年考入计算机系。

数据的形式不能完全表达其内容，需要经过解释。数据的解释是指对数据含义的说明，数据的含义又称为数据的语义，也就是数据包含的信息。信息是数据的内涵，数据是信息的符号表示，是载体。数据是符号化的信息，信息是语义化的数据。如黑白脸谱，所表示的数据是黑白点阵，而所带有的信息是脸谱。

4. 数据库

数据库（Database，DB）是长期存储在计算机内的、有组织的、可共享的数据集合。数据库中的数据按一定的数据模型组织、描述和存储，用于满足各种不同的信息需求，并且集中的数据彼此之间有相互的联系。具有较小的冗余度，较高的数据独立性和易扩展性。

1.1.2 数据库管理系统

数据库管理系统（Database Management System，DBMS）是为管理数据库而设计的计算机软件系统，一般具有存储、截取、安全保障、备份等基础功能。数据库管理系统是位于用户和操作系统之间的一层数据管理软件，它的主要功能包括以下几个方面：

1. 数据定义功能

提供数据定义语言 DDL，用户通过它可以方便地对数据库中的数据对象进行定义。

2. 数据操纵功能

提供数据操纵语言 DML，用户可以使用操纵语言实现对数据库的基本操作，如查询、插入、删除和修改等。

3. 数据库的运行管理功能

数据库的建立、运行和维护由数据库管理系统统一管理、统一控制，以保证数据的安全性、完整性、多用户对数据的并发使用以及发生故障后系统恢复。

4. 数据库的建立和维护功能

它包括数据库初始数据的输入、转换功能、数据库转储、恢复功能，数据库的重组功能和性能监视、分析功能等。这些功能通常由一些应用程序完成。

1.1.3 数据库管理系统的分类

数据库管理系统主要分为以下两类：

1. 关系数据库

关系数据库是创建在关系模型基础上的数据库，借助于集合代数等数学概念和方法来处理数据库中的数据。现实世界中的各种实体以及实体之间的各种联系均用关系模型来表示。

几乎所有的数据库管理系统都配备了一个开放式数据库互连（ODBC）驱动程序，令各个数据库之间得以互相集成。

典型代表有 MySQL、Oracle、Microsoft SQL Server、Access 及 PostgreSQL 等。

2. 非关系型数据库

非关系型数据库是对不同于传统的关系数据库的数据库管理系统的统称，与关系数据库最大的不同点是不使用 SQL 作为查询语言。

典型代表有 BigTable、Cassandra、MongoDB、CouchDB；还包括键值数据库 Apache Cassandra、LevelDB。

1.2 数据库系统结构

1.2.1 数据库系统模式的概念

模式（Schema）是数据库中全体数据的逻辑结构和特征的描述，它仅涉及到型的描述，不涉及到具体的值。模式的一个具体值称为模式的一个实例（Instance）。同一个模式可以有很多实例。模式是相对稳定的，而实例是相对变动的，因为数据库中的数据是在不断更新的。模式反映的是数据的结构及其联系，而实例反映的是数据库某一时刻的状态。

1.2.2 数据库系统的三级模式结构

数据库系统结构分为三层：内模式、概念模式（模式）和外模式，如图1-1所示。这个三级结构有时称为三级模式结构，是在1971年通过DBTG报告中提出的，后来收入在1975年的美国ANSI/SPARC报告中。虽然现在DBMS的产品多种多样，并在不同操作系统支持下工作，但是大多数系统在总的体系结构上都具有三级模式的结构特征。

从某个角度看到的数据特性称为数据视图（Data View）。

外模式最接近用户，是单个用户所能看到的数据特性，单个用户使用的数据视图的描述称为外模式。

概念模式涉及到所有用户的数据定义，是全局的数据视图。全局数据视图的描述也称为模式。

内模式最接近于物理存储设备，涉及到实际数据存储的结构。物理存储数据视图的描述称为内模式。

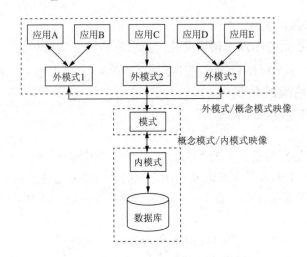

图 1-1 数据库系统的二级映像

1. 概念模式（所有用户的公共视图）

一个数据库只有一个概念模式，它以某一种数据模型为基础，统一综合地考虑了所有用户的需求，并将这些需求有机地结合成一个逻辑整体。

概念模式由许多记录类型的值组成。例如，它可能包括部门记录值的集合、职工记录值的集合、供应商记录值的集合、零件记录值的集合，等等。概念模式根本不涉及物理表示和访问的技术，它只定义信息的内容，这样在模式中不能涉及存储字段表示、存储记录队列、索引、哈希算法、指针或其他存储和访问的细节。这样模式就可真正实现物理数据的独立性。

定义模式时，不仅定义数据的逻辑结构，还要定义数据之间的联系，定义与数据有关安全性、完整性要求。

在数据库管理系统（DBMS）中，描述概念模式的数据定义语言称为模式DDL（Schema Data Definition Language）。

2. 外模式（用户可见的视图）

外模式也称子模式（Subschema）或用户模式，它是数据库用户能够看见和使用的局部数据的逻辑结构和特征的描述，是数据库用户的数据视图，是与某一应用有关的数据的逻辑表示，是用户和数据库系统的接口，是用户用到的那部分数据的描述。一个系统一般有多个外模式。

外模式是保证数据库安全性的一个有力措施。每个用户只能看见和访问所对应的外模式中的数据，数据库中的其余数据是不可见的。用户使用数据操纵语言DML（Data Manipulation Language）语句对数据库进行操作，实际上是对外模式的外部记录进行操作。

描述外模式的数据定义语言称为外模式DDL。有了外模式后，程序员或数据库管理员不必关心概念模式，只与外模式发生联系，按照外模式的结构存储和操纵数据。

外模式又称为用户模式或子模式，通常是概念模式的逻辑子集。

3. 内模式（存储模式）

一个数据库只有一个内模式，它是数据物理结构和存储方式的描述，是数据在数据库内部的表示方法。它定义所有的内部记录类型、索引和文件的组织方式，以及数据控制方面的细节。

注意：内模式和物理层仍然不同。内部记录并不涉及到物理记录，也不涉及到设备的约束。比内模式更接近物理存储和访问的那些软件机制是操作系统的一部分，即文件系统。

描述内模式的数据定义语言称为内模式 DDL。

1.2.3　数据库的二级映像功能与数据独立性

数据库的三级模式结构是数据的三个抽象级别。它把数据的具体组织留给 DBMS 去做，用户只要抽象的处理数据，而不必关心数据在计算机中的表示和存储。三级结构之间一般差别很大，为了实现这三个抽象级别在内部联系和转换，DBMS 在三级结构之间提供了两个层次的映像：外模式/概念模式映像、概念模式/内模式映像，如图 1-1 所示。

这两层映像保证了数据库系统中的数据能够具有较高的逻辑独立性和物理独立性。

1. 外模式/概念模式映像

用于定义外模式和概念模式之间的对应性，即外部记录和内部记录间的关系。

当概念模式发生改变时，由数据库管理员对各个外模式/概念模式的映像作相应改变，可以使外模式保持不变，应用程序是依据数据的外模式编写的，从而应用程序不必修改，保证了数据与程序的逻辑独立性，简称数据的逻辑独立性。

2. 概念模式/内模式映像

用于定义概念模式和内模式间的对应性，实现两级的数据结构、数据组成等的映像对应关系。

概念模式/内模式映像定义了数据库全局逻辑结构与存储结构之间的对应关系，当数据库的存储结构改变了，由数据库管理员对概念模式/内模式映像作相应改变，可以使概念模式保持不变，从而应用程序也不必改变，保证了数据与程序的物理独立性，简称数据的物理独立性。

1.2.4　数据库系统用户结构

从最终用户角度来看，数据库系统分为单用户、主从式结构、客户/服务器结构和分布式结构。

1. 单用户数据库系统

单用户数据库系统是一种早期的最简单的数据库系统。在这种系统中，整个数据库系统（包括应用程序、DBMS、数据）都装在一台计算机上，由一个用户独占，不同机器之间不能共享数据。如图 1-2 所示。

2. 主从式结构数据库系统

主从式结构是指一个主机带多个终端的多用户结构。在这种结构中，数据库系统（包括应用程序、DBMS、数据）都集中存放在主机上，所有处理任务都由主机来完成，各个用户通过主机的终端并发地存取数据库，共享数据资源，如图 1-3 所示。

图 1-2　单用户数据库系统

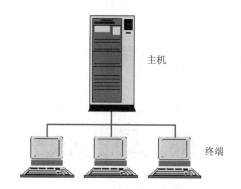

图 1-3　主从式结构数据库系统

3. 客户/服务器结构数据库系统

主从式结构数据库系统中的主机是一个通用计算机,既执行DBMS功能又执行应用程序。随着工作站功能的增强和广泛使用,人们开始把DBMS功能和应用分开,网络中某个(些)节点上的计算机专门用于执行DBMS功能,称为数据库服务器,简称服务器;其他节点上的计算机安装DBMS的外围应用开发程序,支持用户的应用,称为客户机,这就是客户/服务器结构的数据库系统,如图1-4所示。

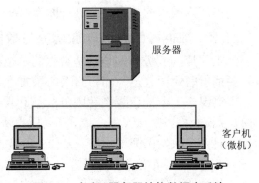

图1-4 客户/服务器结构数据库系统

在客户/服务器结构中,客户端的用户请求被传送到数据库服务器,数据库服务器进行处理后,只将结果返回给用户(而不是整个数据),从而显著减少了网络上的数据传输量,提高了系统的性能、吞吐量和负载能力;另一方面,客户/服务器结构的数据库往往更加开放。客户与服务器一般都能在多种不同的硬件和软件平台上运行,可以使用不同厂商的数据库应用开发程序,应用程序具有更强的可移植性,同时也可以减少软件维护开销。

4. 分布式结构数据库系统

分布式结构是指数据库中的数据在逻辑上是一个整体,但物理地分布在计算机网络的不同节点上。网络中的每个节点都可以独立处理本地数据库中的数据,执行局部应用;同时也可以同时存取和处理多个异地数据库中的数据,执行全局应用,如图1-5所示。它的优点是适应地理上分散的公司、团体和组织对于数据库应用的需求。不足的是数据的分布存放给数据的处理、管理与维护带来困难;当用户需要经常访问远程数据时,系统效率会明显地受到网络交通的制约。

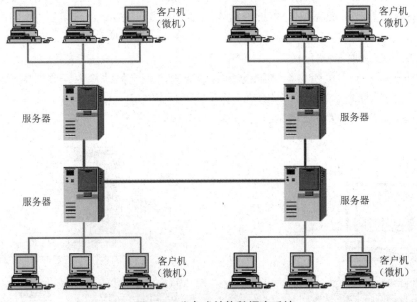

图1-5 分布式结构数据库系统

1.3 关系数据库

1.3.1 关系数据库概述

在关系数据库中,一个关系就是一张二维表,它由行和列组成,如图1-6所示。

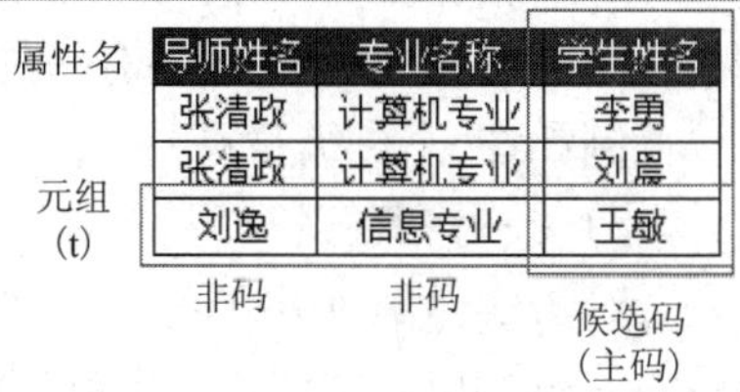

表中的一行就是一个元组(也称记录),表中的列为一个属性,给每个属性起一个名即为属性名(也称字段名)。关系数据库的特点是:

图1-6 关系(表)的结构

(1) 关系中每个字段(属性)不可再分,是数据库中的最基本单位。
(2) 每一列字段是同属性的。每个列的顺序是任意的。
(3) 每一行记录由一个事物的诸字段项构成。记录的顺序可以是任意的。
(4) 不允许有相同的字段名,也不允许有相同的记录行。每个关系都有主码关键字(Key)的属性集合,用以唯一标识关系中的各个记录行。
(5) 解决实际问题往往需要多个关系,关系和关系是有联系的,这种联系也用关系表示。

在一个给定的应用领域中,所有关系及关系之间联系的关系的集合构成一个关系数据库。

1.3.2 关系数据库设计

数据库的设计质量,直接影响数据库管理系统对数据的控制质量。数据库设计是指对于一个给定的应用环境,根据用户的信息要求、处理需求和数据库的支撑环境,利用数据模型和应用程序模拟现实世界中该单位的数据结构和处理活动的过程,是数据设计和数据处理设计的结合。规范化的数据库设计要求数据库内的数据文件的数据组织应获得最大程度的共享、最小的冗余度,消除数据及数据依赖关系中的冗余部分,使依赖于同一个数据模型的数据达到有效的分离。保证在输入、修改数据时数据的一致性和正确性,保证数据与使用数据的应用程序之间的高度独立性。同时在设计时还要将数据和操作数据的行为紧密结合起来,保证数据的完整性约束。

1. 需求分析

需求分析阶段的任务是收集数据库所需要的信息内容和数据处理规则,确定建立数据库的目的。在需求分析调研中,必须和用户充分讨论,确定数据库所要进行的数据处理范围,数据处理的流程以及数据取值范围的界定。

描述需求分析常用的方法有数据流图、数据字典等。

2. 概念结构设计

概念结构设计是对现实世界的一种抽象,即对实际的人、物、事和概念进行人为处理,抽取人们关心的共同特性,忽略非本质的细节,并把这些特性用各种概念精确地加以描述。

为了能够完成上述目标,我们把现实世界中客观存在并可相互区别的事物称为实体(Entity)。如一个职工、一个学生、一个部门、学生的一次选课、老师与系的工作关系。

把描述实体的某一特性称为属性(Attribute),一个实体可以由若干个属性值来描述。如一个学生实体可以由学号、姓名、性别、出生日期等属性的属性值(20021001、张三、男、1986-5-6)来描述。

同类实体中的实体彼此之间是可以区别的,能够唯一标识实体的属性集合称作实体的码或关键字。

实体集之间存在各种联系(Relationship),主要有三类:一对一联系(1:1)、一对多联系(1:n)、多对多联系（m:n）。

1）一对一联系（1∶1）

对于实体集 A 中的每一个实体，实体集 B 中有 0 个或 1 个实体与之联系，反之亦然，则称实体集 A 与实体集 B 具有一对一的联系。

例如，一个班级只有一个班长，一个班长只在一个班中任职，则班级与班长之间具有一对一联系。

2）一对多联系（1∶n）

对于实体集 A 中的每一个实体，实体集 B 中有 0 个或多个实体与之联系，反之，对于实体集 B 中的每一个实体，实体集 A 中有 0 个或 1 个实体与之联系，则称实体集 A 与实体集 B 具有一对多的联系。

例如，一个班级有若干个学生，每个学生只在一个班级中学习，则班级与学生之间具有一对多联系。

3）多对多联系（m∶n）

对于实体集 A 中的每一个实体，实体集 B 中有 0 个或多个实体与之联系，反之，对于实体集 B 中的每一个实体，实体集 A 中有 0 个或多个实体与之联系，则称实体集 A 与实体集 B 具有多对多的联系。

例如，一门课程同时有若干个学生选修，而一个学生同时选修多门课程，则课程与学生之间具有多对多联系。

描述概念模型的有力工具是 E-R 模型。

3. 逻辑结构设计

关系模型的逻辑结构是一组关系模式的集合。E-R 图则是由实体、实体的属性和实体之间的联系三个要素组成的。所以将 E-R 图转换为关系模型实际上就是要将实体、实体的属性和实体之间的联系转化为关系模式，这种转换一般遵循如下原则：

1）实体与实体属性的转换

一个实体转换为一个关系模式。实体的属性就是关系的属性。实体的码就是关系的码。

例如，学生实体可以转换为如下关系模式，其中学号为学生关系的码。

学生（学号，姓名，年龄，所在系）。

2）实体间联系的转换

(1) 一个 1∶1 联系可以转换为一个独立的关系模式，也可以与任意一端对应的关系模式合并。

如果转换为一个独立的关系模式，则与该联系相连的各实体的码以及联系本身的属性均转换为关系的属性，每个实体的码均是该关系的候选码。

如果与某一端对应的关系模式合并，则需要在该关系模式的属性中加入另一个关系模式的码和联系本身的属性。

例如，有一个学生管理的联系，即一个职工管理一个班级，一个班级只能由一个职工管理，该联系为 1∶1 联系，将其转换为关系模式有以下三种方法：

a．转换成一个独立的关系模式

管理（职工号，班级号）

b．将其与班级关系模式合并，增加职工号属性，即

班级（班级号，学生人数，职工号）

c．将其与教师关系模式合并，增加班级号属性，即

教师（职工号，姓名，性别，职称，班级号）

推荐使用合并的方法。

(2) 一个 1∶n 联系可以转换为一个独立的关系模式，也可以与 n 端对应的关系模式合并。

如果转换为一个独立的关系模式，则与该联系相连的各实体的码以及联系本身的属性均转换为关系的属性，而关系的码为 n 端实体的码。

例如，假如有一个学生组成的联系，即一个学生只能属于一个班级，一个班级可能有多个学生，该联系为 1∶n 联系，将其转换为关系模式有两种方法：

a．转换成一个独立的关系模式

组成（学号，班级号）

b．将其与学生关系模式合并，增加班级号属性，即

学生（学号，姓名，年龄，所在系，班级号）

推荐使用合并的方法。

（3）一个 m:n 联系转换为一个关系模式。

与该联系相连的各实体的码以及联系本身的属性均转换为关系的属性。而关系的码为各实体码的组合。

例如，有一个学生选修的联系，即一个学生可以选修多门课程，一门课程可以被多个学生选修，该联系是一个 m:n 联系，将其转换为如下关系模式。

选修（学号，课程号，成绩）

4．数据表的优化与规范化

在数据需求分析的基础上，进行概念结构和逻辑结构设计，并将数据信息分割成数个大小适当的数据表。如我们可以得到学生的相关数据信息（见表 1-1），学生选课数据表包含 SNO（学号）、SNAME（姓名）、SSSN（身份证号）、SDEPA（所在院系）、SMTEL（电话）、SCITY（城市）、CNO（课程编号）、CNAME（课程名称）、GRADE（成绩）等属性。

表 1-1　学生选课数据表

SNO	SNAME	SSSN	SDEPA	SMTEL	SCITY	CNO	CNAME	GRADE
060101	王东民	******19880526***	计算机	135****	杭州	102	C 语言	90
060102	张小芬	******19891001***	计算机	131****	宁波	102	C 语言	95
060103	李鹏飞	******19871021***	计算机	139****	温州	103	数据结构	88
060101	王东民	******19880526***	计算机	135****	杭州	103	数据结构	80
060103	李鹏飞	******19871021***	计算机	139****	温州	108	软件工程	85
060101	王东民	******19880526***	计算机	135****	杭州	106	数据库	85
060101	王东民	******19880526***	计算机	135****	杭州	108	软件工程	78
060102	张小芬	******19891001***	计算机	131****	宁波	106	数据库	80
060109	陈晓莉	******19880511***	计算机	136****	西安	102	C 语言	90
060110	赵青山	******19880226***	计算机	130****	太原	103	数据结构	92

表 1-1 是一个未被规范化的数据表，这张表存在大量的数据冗余。如王东民同学选修了三门课程，则 SNO（学号）、SNAME（姓名）、SSSN（身份证号）、SDEPA（所在院系）、SMTEL（电话）、SCITY（城市）等字段数据需要重复三遍。当王东民从一个城市搬到另一个城市，几乎所有的属于王东民的记录将要一一更正，这样效率很低。如果在更正的过程中发生意外，如死机掉电等，数据不一致的情况就会发生。如果一个学生没有选任何课程，按照完整性约束规则，则他的所有数据将无法输入。如果要取消某个学生的所有课程信息，则要将所有与该同学有关的信息全部去掉。总之，大量的数据冗余不但浪费了存储空间，而且降低了数据查询效率，提高了维护数据一致性的成本。

关系模型的规范化理论是研究如何将一个不规范的关系模型转化为一个规范的关系模型理论。数据库的规范化设计，要求分析数据需求，去除不符合语义的数据。确定对象的数据结构，并进行性能评价和规范化处理，避免数据重复、更正、删除、插入异常。

规范化理论认为，关系数据库中的每一个关系都要满足一定的规范。根据满足规范的条件不同，可以划分为五个等级，分别为第一范式（1NF）、第二范式（2NF）、第三范式（3NF）、第四范式（4NF）、第五范式（5NF），其中 NF 是 normal form 的缩写。通常在解决一般性问题时，只要把数据规范到第三范式标准就可满足需要。

（1）第一范式。在一个关系中，消除重复字段，且每个字段都是最小的逻辑存储单位。

（2）第二范式。若关系属于第一范式，则关系中每一个非主关键字段都完全依赖于主关键字段，没有部分依赖于主关键字段的部分。

这里的主关键字是指表中的某个属性组，它可以唯一确定记录其他属性的值。如表 1-1 所示，学生选课数据表的主关键字是由 SNO 和 CNO 共同组成的。属性 GRADE 完全依赖于主关键字，属性 SNAME、SSSN、SDEPA、SMTEL、SCITY 等都只依赖于 SNO，不完全依赖于主关键字，因此学生选课数据表不符合第二范式的要求。

一个有效的解决办法是把信息分为各个独立的主题。如学生基本信息表、学生选课数据表等，保证关系中每个非主关键字都完全依赖于主关键字。

（3）第三范式。若关系模式属于第一范式，且关系中所有非主关键字段都只依赖于主关键字段。

第三范式要求去除传递依赖，如表 1-2 所示，学生的年龄依赖于身份证号，身份证号又是由学号决定的，因此学生的年龄就传递依赖于主关键字学号。所以表 1-2 不符合第三范式要求。

表 1-2 学生基本信息表

SNO	SNAME	SMTEL	SCITY	SSSN	SAGE
060101	王东民	135***11	杭州	******19880526***	18
060102	张小芬	131***11	宁波	******19891001***	17
060103	李鹏飞	139***12	温州	******19871021***	19
060109	陈晓莉	136***21	西安	******19880511***	18
060110	赵青山	130***22	太原	******19880226***	18

上述问题的解决办法是不要包含可以推导得到或经计算得到的数据。实际年龄可以由身份证号计算而得到，年龄和身份证号作为属性同时出现，本质上产生了数据冗余。

有些属性并不能经推导计算而得，但也存在传递依赖，如电话号码可以通过身份证号传递依赖于主关键字学号，但有些时候这样是需要的。

5. 规范化的学生数据库

下面给出比较简单的、规范了的学生数据库。实际中由于涉及不同学校大量不同管理条款，系统比较复杂。实例中忽略了许多细节，保留学生的本质内容。

（1）学生基本资料表 STUDENT（SNO，SSSN，SNAME，SSEX，SMTEL，SCITY，SMAJOR，SDEPA，SGPA），PRIMARYKEY=SNO，如表 1-3 所示。

其中 SNO 表示学号；SSSN 表示身份证号；SNAME 表示姓名；SSEX 表示性别；SMTEL 表示学生移动电话；SCITY 表示来自的城市；SMAJOR 表示主修专业；SDEPA 表示所在院系；SGPA 表示累计修满的学分。

表 1-3 学生基本资料表 STUDENT

SNO	SSSN	SNAME	SSEX	SMTEL	SCITY	SMAJOR	SDEPA	SGPA
S060101	******19880526***	王东民	男	135***11	杭州	计算机	信息学院	160
S060102	******19891001***	张小芬	女	131***11	宁波	计算机	信息学院	160
S060103	******19871021***	李鹏飞	男	139***12	温州	计算机	信息学院	160
S060109	******19880511***	陈晓莉	女		西安	计算机	信息学院	160
S060110	******19880226***	赵青山	男	130***22	太原	计算机	信息学院	160
S060201	******19880606***	胡汉民	男	135***22	杭州	信息管理	信息学院	158
S060202	******19871226***	王俊青	男		金华	信息管理	信息学院	158
S060306	******19880115***	吴双红	女	139***01	杭州	电子商务	信息学院	162
S060308	******19890526***	张丹宁	男	130***12	宁波	电子商务	信息学院	162

（2）课程基本资料表 COURSE （CNO，CNAME，CBNAME，CEDI，CPUB，CISBN，CDJ），PRIMARYKEY=CNO，如表 1-4 所示。

其中 CNO 表示课程编号；CNAME 表示课程名称；CBNAME 表示所用教材名称；CEDI 表示编著者；CPUB 表示出版社；CISBN 表示教材的书号；CPRICE 表示教材的定价。

表 1-4 课程基本资料表 COURSE

CNO	CNAME	CBNAME	CEDI	CPUB	CISBN	CPRICE
C01001	C++ 程序设计	C++ 程序设计基础	张基温	高等教育出版社	7-04-005655-0	17
C01002	数据结构	数据结构				
C01003	数据库原理	数据库系统概论	萨师煊	高等教育出版社	7-04-007494-X	
C02001	管理信息系统	管理信息系统教程	姚建荣	浙江科学技术出版社	7-5341-2422-0	38
C02002	ERP 原理	ERP 原理设计实施	罗鸿	电子工业出版社	7-5053-8078-8	38
C02003	会计信息系统	会计信息系统	王衍			
C03001	电子商务	电子商务				

（3）教师基本资料表 TEACHER （TNO，TSSN，TNAME，TSEX，TTEL，TCITY，TDEPA，TRANK，TMANE），PRIMARYKEY=TNO，FOREIGNKEY= TMANE，如表 1-5 所示。

其中 TNO 表示教师编号；TSSN 表示身份证号；TNAME 表示姓名；TSEX 表示性别；TMTEL 表示教师移动电话；TCITY 表示来自的城市；SDEPA 表示所在院系；TRANK 表示职称级别；TMANE 表示哪个院系负责人。

表 1-5 教师基本资料表 TEACHER

TNO	TSSN	TNAME	TSEX	TMTEL	TCITY	TDEPA	TRANK	TMANE
T01001	******19600526***	黄中天	男	139***88	杭州	管理学院	教授	管理学院
T01002	******19721203***	张丽	女	131***77	沈阳	管理学院	讲师	
T02001	******19580517***	曲宏伟	男	135***66	西安	信电学院	教授	信电学院
T02002	******19640520***	陈明收	男	137***55	太原	信电学院	副教授	
T02003	******19740810***	王重阳	男	136***44	绍兴	信电学院	讲师	

（4）开课计划表 OFFERING （ONO，CNO，TNO，OLACA，ODATE，OTERM，OTAMOU，OTIME，OGPA），PRIMARYKEY=ONO，FOREIGNKEY= CNO，如表 1-6 所示，FOREIG NKEY= TNO，如表 1-5 所示。

其中 ONO 表示开课计划编号；CNO 表示课程编号；TNO 表示教师编号；OLACA 表示开课地点；ODATE 表示开课学年；OTERM 表示开课的学期；OTAMOU 表示开课的周数；OTIME 表示开课的时间；OGPA 表示该课的学分。

表 1-6 开课计划表 OFFERING

ONO	CNO	TNO	OLACA	ODATE	OTERM	OTAMOU	OTIME	OGPA
010101	C01001	T02003	1-202	2006-2007	1	18	周一(1,2)	2
010201	C01002	T02001	2-403	2006-2007	2	18	周三(3,4)	2
010202	C01002	T02001	2-203	2006-2007	2	18	周五(3,4)	2
010301	C01003	T02002	3-101	2007-2008	1	16	周二(1,2,3)	3
020101	C02001	T01001	3-201	2007-2008	2	18	周三(3,4)	2
020102	C02001	T01001	3-201	2007-2008	2	18	周五(3,4)	2
020201	C02002	T02001	4-303	2008-2009	1	17	周四(1,2,3)	3
020301	C02003	T01002	4-102	2008-2009	1	9	周三(3)	1
020302	C02003	T01002	4-204	2008-2009	1	18	周五(3,4)	2
030101	C03001	T01001	3-303	2008-2009	2	18	周三(3,4)	2

（5）注册选课表 ENROLLMENT（SNO，ONO，GRADE），PRIMARYKEY=（SNO，ONO），FOREIGNKEY= SNO，如表 1-3 所示，FOREIGNKEY= ONO，如表 1-7 所示。

其中 SNO 表示选课学生的学号；ONO 表示开课计划中安排的开课号；GRADE 表示考试后得到的成绩。

表 1-7 注册选课表 ENROLLMENT

SNO	ONO	GRADE	SNO	ONO	GRADE
S060101	010101	90	S060102	020102	
S060101	010201		S060103	010101	85
S060101	010202		S060110	010101	88
S060101	010301		S060110	010301	
S060101	020101		S060201	020101	
S060101	020102		S060201	020102	
S060101	020201		S060202	010101	
S060101	020301		S060202	010201	
S060101	020302		S060202	010202	
S060101	030101		S060202	020201	
S060102	010101	93	S060306	020301	
S060102	010301		S060306	020302	
S060102	020101				

6. 数据库中表间联系

只理解每个数据表对于具体问题的解决往往是不够的。要真正理解一个关系数据库的内容，除了理解每个表的内容外，还需要理解各个表间的关系或联系。一个表中的行通常和其他表中的行相关联。不同表中相匹配的值（相同的值）表明相应表间存在联系。考虑 STUDENT、OFFERING 和 ENROLLMENT 之间的联系，ENROLLMENT 表中每一行表示一个学生选择了某门计划开设的课程。ENROLLMENT 表的 SNO 列中的每个值都和 STUDENT 表中的 SNO 列的某个值相匹配，同样 ENROLLMENT 表的 ONO 列中的每个值都和 OFFERING 表中的 ONO 列的某个值也相匹配。图 1-7 描绘了不同的表列值间的匹配关系。

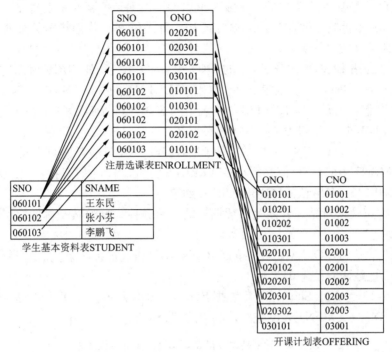

图 1-7　表 ENROLLMENT、STUDENT 和 OFFERING 之间的匹配

众所周知，一般系统的关系数据库一般都包含很多表，少则 10~15 个表，多则上百个表。要从这么多的表中提取出有意义的信息，通常需要使用数据匹配的方法把多个表结合到一起。通过 STUDENT.SNO 列和 ENROLLMENT.SNO 列上的数据匹配，就可将 STUDENT 表和 ENROLLMENT 表关联到一起。与此类似，通过 OFFERING.ONO 列和 ENROLLMENT.ONO 列上的数据匹配，就可将 OFFERING 表和 ENROLLMENT 表关联到一起。理解表之间的联系，对于提取有价值的数据是非常重要的。

1.3.3　关系数据库的完整性

关系完整性是关系数据库必须满足的完整性约束条件，它提供了一种手段来保证当授权用户对数据库修改时不会破坏数据的一致性。因此，完整性约束防止的是对数据的意外破坏，从而降低应用程序的复杂性，提高系统的易用性。

1. 实体完整性约束（PRIMARY）

实体完整性约束规则是主关键字段中的属性值不能取空值。

例如，在学生基本资料表 STUDENT 中，我们规定 PRIMARY KEY=SNO，因此 SNO 不能取空值。

2. 唯一性约束（UNIQUE）

唯一性约束规则是在约束的字段上不能有相同值出现。

例如，在学生基本资料表 STUDENT 中，学号 SNO 是唯一标识每个学生实体的，所以该字段的值就不能出现重复的学号值。又如在课程基本资料表 COURSE 中，学校设置的课程一般是不允许有一样名字的，所以 COURSE 中的 CNAME 值就必须有唯一。

3. 参照完整性约束（FOREIGN）

参照完整性约束规则要求外关键字的值必须来源于被参照关系表的取值或为空值。

所谓外键是设 F 是基本关系 R 的一个或一组属性，但不是关系 R 的关键字。如果 F 与基本关系 S 的主关键字 Ks 相对应，则称 F 是基本关系 R 的外关键字，并称基本关系 R 为参照关系，基本关系 S 为被参照关系或目标关系。

例如，注册选课表 ENROLLMENT 中的 SNO 和 ONO 字段，他们单独都不是 ENROLLMENT 表的关键字。但是，SNO 是学生基本资料表 STUDENT 的主关键字，ONO 是开课计划表 OFFERING 的主关键字，所以 ENROLLMENT 表中的 SNO 相对 STUDENT 表就是外关键字，参照完整性约束要求 ENROLLMENT 中的 SNO 值必须在 STUDENT 表的 SNO 中可以找到，否则就只能取空值。同理，ENROLLMENT 表中的 ONO 相对 OFFERING 表就是外关键字，参照完整性约束要求 ENROLLMENT 中的 ONO 值必须在 OFFERING 表的 ONO 中可以找到，否则就只能取空值。

4. 检查（CHECK）和默认值（DEFAULT）约束

该类完整性约束是针对某一具体关系数据库的约束条件，反映某一具体应用所涉及的数据必须满足的语义要求。

例如，注册选课表 ENROLLMENT 中的 GRADE 字段通过这种约束，其值只能在 0~100 之间，或者是空值，可以把默认值设为 0。

表 1-8～表 1-12 是 SQL Server 关系数据库中 STUDENT 表、COURSE 表、TEACHER 表、OFFERING 表和 ENROLLMENT 表的完整性约束的部分情况。

表 1-8　学生基本资料表 STUDENT 完整性约束

列　名	主　键	唯　一	检查约束	允许空	外　键
SNO	√	√	第一位只能用字母 S，后面只能取 0~9 之间数字，全部限 7 位		
SSSN		√	只能取 0~9 之间数字，限 18 位		
TMTEL			只能取 0~9 之间数字，限 11 位	√	

表 1-9　课程基本资料表 COURSE 完整性约束

列　名	主　键	唯　一	检查约束	允许空	外　键
CNO	√	√	第一位只能用字母 C，后面只能取 0~9 之间数字，全部限 6 位		
CBNAME				√	

表 1-10　教师基本资料表 TEACHER 完整性约束

列　名	主　键	唯　一	检查约束	允许空	外　键
TNO	√	√	第一位只能用字母 T，后面只能取 0~9 之间数字，全部限 6 位		
TNAME			限 8 位		

表 1-11　开课计划表 OFFERING 完整性约束

列　名	主　键	唯　一	检查约束	允许空	外　键
ONO	√	√	只能取 0~9 之间数字，限 5 位		
CNO			第一位只能用字母 C，后面只能取 0~9 之间数字，全部限 7 位		参照 COURSE.CNO
TNO			第一位只能用字母 T，后面只能取 0~9 之间数字，全部限 6 位		参照 TEACHER.TNO
ODATE			4 位数字 + "-" 4 位数字	√	

表 1-12 注册选课表 ENROLLMENT 完整性约束

列　名	主　键	唯　一	检查约束	允许空	外　键
SNO	✓	✓	第一位只能用字母 S，后面只能取 0~9 之间数字，全部限 7 位		参照 STUDENT.SNO
ONO	✓	✓	只能取 0~9 之间数字，限 5 位		参照 OFFERING.ONO
GRADE			只能取 0~100 之间数字或空值	✓	

图 1-8 表示了上述几个表的关联关系。其中 OFFERING 表中的 CNO 和 TNO 是关于 COURSE 表和 TEACHER 表的外键，同理，ENROLLMENT 表中的 SNO 和 ONO 是关于 STUDENT 表和 OFFERING 表的外键。

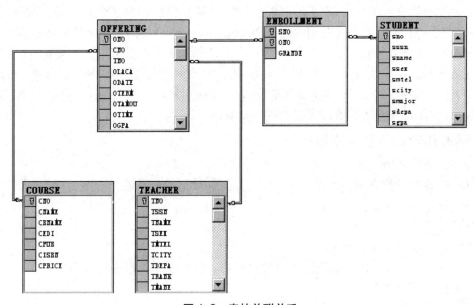

图 1-8　表的关联关系

1.4　结构化查询语言 SQL

1.4.1　SQL 概述

结构化查询语言（Structured Query Language，SQL）是一种数据库查询和程序设计语言，用于存取数据以及查询、更新和管理关系数据库系统，SQL 语句就是对数据库进行操作的一种语言。

SQL 语言之所以能够为用户和业界所接受，并成为国际标准，是因为它是一个综合的、功能极强同时又简捷易学的语言。SQL 语言集数据查询（Data Query）、数据操纵（Data Manipulation）、数据定义（Data Definition）和数据控制（Data Control）功能于一体。

SQL 是高级的非过程化编程语言，允许用户在高层数据结构上工作。它不要求用户指定对数据的存放方法，也不需要用户了解具体的数据存放方式，所以具有完全不同底层结构的不同数据库系统，可以使用相同的 SQL 语言作为数据输入与管理的接口。它以记录集合作为操作对象，所有 SQL 语句接受集合作为输入，返回集合作为输出，这种集合特性允许一条 SQL 语句的输出作为另一条 SQL 语句的输入，所以 SQL 语句可以嵌套，这使它具有极大的灵活性和强大的功能，在多数情况下，在其他语言中需要一大段程序实现的功能只需要一个 SQL 语句就可以达到目的，这也意味着用 SQL 语言可以写出非常复杂的语句。

结构化查询语言最早是 IBM 的圣约瑟研究实验室为其关系数据库管理系统开发的一种查询语言，它的前身是 SQUARE 语言。SQL 语言结构简洁，功能强大，简单易学，所以自从 IBM 公司 1981 年推出以来，SQL 语言得到了广泛的应用。如今无论是像 Oracle、Sybase、DB2、Informix、SQL Server 这些大型的数据库管理系统，还是像 Visual Foxpro、PowerBuilder 这些 PC 上常用的数据库开发系统，都支持 SQL 语言作为查询语言。

美国国家标准协会（ANSI）与国际标准化组织（ISO）已经制定了 SQL 标准。ANSI 是一个美国工业和商业集团组织，负责开发美国的商务和通信标准。ANSI 同时也是 ISO 和 IEC 的成员之一。ANSI 发布与国际标准组织相应的美国标准。1992 年，ISO 和 IEC 发布了 SQL 国际标准，称为 SQL-92。ANSI 随之发布的相应标准是 ANSI SQL-92。ANSI SQL-92 有时被称为 ANSI SQL。尽管不同的关系数据库使用的 SQL 版本有一些差异，但大多数都遵循 ANSI SQL 标准。SQL Server 使用 ANSI SQL-92 的扩展集，称为 T-SQL，其遵循 ANSI 制定的 SQL-92 标准。

1.4.2　SQL 语言特点及基本语法

SQL 语言拥有以下特点：
（1）SQL 语言集数据查询、数据操纵、数据定义和数据控制功能于一体；
（2）面向集合的语言；
（3）非过程语言；
（4）类似自然语言，简洁易用；
（5）自含式语言，又是嵌入式语言。可独立使用，也可嵌入到宿主语言中。

SQL 语言的基本语法为：
（1）SQL 语句可以在单行或多行书写，以分号结尾；
（2）可使用空格和缩进来增强语句的可读性；
（3）MySQL 不区分大小写，建议使用大写。

1.4.3　SQL 语句分类

SQL 语句分类：
（1）DDL（Data Definition Language）:数据定义语言，用来定义数据库对象，如库、表、列等；
（2）DML（Data Manipulation Language）:数据操纵语言，用来定义数据库记录（数据）；
（3）DCL（Data Control Language）:数据控制语言，用来定义访问权限和安全级别；
（4）DQL（Data Query Language）:数据查询语言，用来查询记录（数据）。

1.4.4　SQL 的四种基本操作

SQL 中有四种基本的 DML 操作：INSERT，SELECT，UPDATE 和 DELETE。

1. INSERT 语句

用户可以用 INSERT 语句将一行记录插入到指定的表中。

2. SELECT 语句

SELECT 语句可以从一个或多个表中选取特定的行和列。因为查询和检索数据是数据库管中最重要的功能，所以 SELECT 语句在 SQL 中是工作量最大的部分。实际上，仅仅是访问数据库来分析数据并生成报表的人可以对其他 SQL 语句一窍不通。

SELECT 语句的结果通常是生成另外一个表。在执行过程中系统根据用户的标准从数据库中选出匹配的行和列，并将结果放到临时的表中。在执行 SQL 语句后，它将结果显示在终端的显示屏上，或者将结果送到打印机或文件中。也可以结合其他 SQL 语句来将结果放到一个已知名称的表中。

SELECT 语句功能强大。虽然表面上看来它只用来完成本文第一部分中提到的关系代数运算"选择"（或称"限制"），但实际上它也可以完成其他两种关系运算——"投影"和"连接"，SELECT 语句还可以完成聚合计算并对数据进行排序。

3. UPDATE 语句

UPDATE 语句允许用户在已知的表中对现有的行进行修改。

4. DELETE 语句

DELETE 语句用来删除已知表中的行。如同 UPDATE 语句中一样，所有满足 WHERE 子句中条件的行都将被删除。由于 SQL 中没有 UNDO 语句或是"你确认删除吗？"之类的警告，在执行这条语句时千万要小心。

下面以实例形式概要介绍一下常用的 SQL 语句。

1. 创建数据库

```
CREATE DATABASE db1;--db1 代表数据库表，可自命名
```

2. 删除数据库

```
drop database db1;--db1 代表数据库表，可自命名
```

3. 备份 SQL Server

```
-- 创建 备份数据的 device
USE master
EXEC sp_addumpdevice 'disk', 'testBack', 'c:\mssql7backup\MyNwind_1.dat';
-- 开始 备份
BACKUP DATABASE pubs TO testBack;
```

4. 创建新表

create table tb1(id int not null primary key,name varchar,…)，其中 tb1 为数据表名；id 为字段；int 为整型数据类型；not null 为数据是否可为空；primary Key 为主键设置；not null 为可选项字段，数据类型自定义。

根据已有的表创建新表：

```
create table tab_new like tab_old-- 使用旧表创建新表；
create table tab_new as select col1,col2… from tab_old definition only;
```

5. 删除新表

```
drop table tb1;
```

6. 增加一个列

```
Alter table tabname add column col type;
```

注意：列增加后将不能删除。DB2 中列加上后数据类型也不能改变，唯一能改变的是增加 varchar 类型的长度。

7. 添加主键

```
Alter table tabname add primary key(id);--设置某字段为主键，id 可自由设置，主键数据不可重复
```

8. 删除主键

```
Alter table tabname drop primary key(id);--删除某字段主键
```

9. 创建索引、删除索引

```
create [unique] index idxname on tabname(col….);
drop index idxname;
```

注意：索引是不可更改的，想更改必须删除重新建。

10. 创建视图、删除视图

```
create view viewname as select statement;
drop view viewname;
```

11. 几个简单的基本的 SQL 语句

```
select * from table1 where id=1;--选择，id=1 为条件语句，根据自己情况自定义
insert into table1(field1,field2) values(value1,value2);--插入
delete from table1 where 范围;--删除
update table1 set field1=value1 where 范围;--更新
select * from table1 where field1 like '%value1%';--查找
select * from table1 order by field1,field2 [desc];--排序
select count * as totalcount from table1;--总数
select sum(field1) as sumvalue from table1;--求和
select avg(field1) as avgvalue from table1;--平均
select max(field1) as maxvalue from table1;--最大
select min(field1) as minvalue from table1;--最小
```

12. 几个高级查询运算词

1) UNION 运算符

UNION 运算符通过组合两个结果表（如 TABLE1 和 TABLE2）并消去表中任何重复行而派生出一个结果表。当 ALL 随 UNION 一起使用时（即 UNION ALL），不消除重复行。两种情况下，派生表的每一行不是来自 TABLE1 就是来自 TABLE2。

2) EXCEPT 运算符

EXCEPT 运算符通过包括所有在 TABLE1 中但不在 TABLE2 中的行并消除所有重复行而派生出一个结果表。当 ALL 随 EXCEPT 一起使用时（EXCEPT ALL），不消除重复行。

3) INTERSECT 运算符

INTERSECT 运算符通过只包括 TABLE1 和 TABLE2 中都有的行并消除所有重复行而派生出一个结果表。当 ALL 随 INTERSECT 一起使用时（INTERSECT ALL），不消除重复行。

注意：使用运算词的几个查询结果行必须是一致的。

13. 使用外连接

1) LEFT OUTER JOIN

左外连接（左连接）：结果集既包括连接表的匹配行，也包括左连接表的所有行。

SQL: select a.a, a.b, a.c, b.c, b.d, b.f from a LEFT OUT JOIN b ON a.a = b.c

2) RIGHT OUTER JOIN

右外连接（右连接）：结果集既包括连接表的匹配行，也包括右连接表的所有行。

3) FULL OUTER JOIN

全外连接：不仅包括符号连接表的匹配行，还包括两个连接表中的所有记录。

1.5 实体关系模型

实体关系模型（Entity Relationship Diagram）是地理信息系统术语，该模型直接从现实世界中抽象出实体类型和实体间联系，然后用实体—联系图型表示数据模型，是描述概念世界，建立概念模型的实用工具。

实体关系模型（又被称为实体联系模型）是由美籍华裔计算机科学家陈品山发明，是概念数据模型的高层描述所使用的数据模型或模式图，它为表述这种实体联系模式图形式的数据模型提供了图形符号。这种数据模型典型的用在信息系统设计的第一阶段，如它们在需求分析阶段用来描述信息需求和要存储在数据库中的信息类型。但是数据建模技术可以用来描述特定区域（感兴趣的区域）的任何本体（对使用的术语和它们的联系的概述和分类）。在基于数据库的信息系统设计的情况下，在后面的阶段（通常称为逻辑设计），概念模型要映射到逻辑模型如关系模型上，它依次要在物理设计期间映射到物理模型上。注意，有时这两个阶段被一起称为物理设计。

通常，使用实体－联系图（Entity-Relationship Diagram）来建立数据模型。可以把实体－联系图简称为E-R图，相应地可把用E-R图描绘的数据模型称为E-R模型。E-R图中包含了实体（即数据对象）、关系和属性等基本成分，通常用矩形代表实体，用连接相关实体的菱形表示关系，用椭圆形或圆角矩形表示实体（或关系）的属性，并用直线把实体（或关系）与其属性连接起来。

人们通常就是用实体、联系和属性这3个概念来理解现实问题的，因此，E-R模型比较接近人的习惯思维方式。此外，E-R模型使用简单的图形符号表达系统分析员对问题域的理解，不熟悉计算机技术的用户也能理解它，因此，E-R模型可以作为用户与分析员之间有效的交流工具。

实体（Entity）：具有相同属性的实体具有相同的特征和性质，用实体名及其属性名集合来抽象和刻画同类实体；在E-R图中用矩形表示，矩形内写明实体名，如张三丰、李寻欢都是实体。如果是弱实体的话，在矩形外面再套实线矩形。

属性（Attribute）：实体所具有的某一特性，一个实体可由若干个属性来刻画。在E-R图中用椭圆形表示，并用无向边将其与相应的实体连接起来；如学生的姓名、学号、性别都是属性。如果是多值属性的话，在椭圆形外面再套实线椭圆。如果是派生属性则用虚线椭圆表示，如图1-9所示。

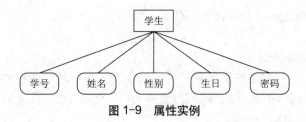

图 1-9 属性实例

联系（Relationship）：数据对象彼此之间相互连接的方式称为联系，也称为关系。联系可分为以下 3 种类型：

1. 一对一联系（1∶1）

例如，一个部门有一个经理，而每个经理只在一个部门任职，则部门与经理的联系是一对一。

2. 一对多联系（1∶N）

例如，某校教师与课程之间存在一对多的联系，即每位教师可以教多门课程，但是每门课程只能由一位教师来教。

3. 多对多联系（M∶N）

例如，学生与课程间的联系（学）是多对多的，即一个学生可以学多门课程，而每门课程可以有多个学生来学。联系也可能有属性。例如，学生学某门课程所取得的成绩，既不是学生的属性也不是课程的属性。由于成绩既依赖于某名特定的学生又依赖于某门特定的课程，所以它是学生与课程之间的联系（学）的属性，图 1-10 是选课系统 E-R 图。

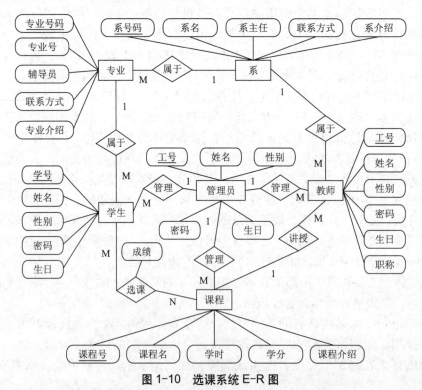

图 1-10 选课系统 E-R 图

关系模型是目前最重要的也是应用最广泛的数据模型之一，简言之，关系就是一张二维表，由行和列组成。关系模型将数据模型组织成表格的形式，这种表格在数学上称为关系。关系型数据库是由多个表和其他数据库对象组成的，表是一种最基本的数据库对象，由行和列组成，类似电子表格。一个关系数据库通常包含多个二维表（称为数据库表或表），从而实现所设计的应用中各类信息的存储和维护。在关系数据库中，如果存在多个表，则表与表之间也会因为字段的关系产生关联，关联由主键、外键所体现的参照关系实现。关系数据库不仅包含表，还包含其他数据库对象，如关系图、视图、存储过程和索引等，所以，通常提到关系数据库就是指一些相关的表和其他数据库对象的集合。

如表1-13所示的课程表中收集了教师申报课程的相关信息，包括课程名、课程编号、人数上限、授课教师、课程性质及课程状态信息，构成一张二维表。数据表中的列也称为字段，一个列的名称称为字段名。除了字段名外，表中每一行都称为一条记录。

表1-13 课程表

课程名	课程编号	人数上限	授课教师	课程性质	课程状态
C语言程序设计	16209020	60	孙老师	必修	未审核
MySQL数据库设计	16309620	90	李老师	必修	未审核
物联网导论	16309490	40	王老师	选修	未审核
专业外语	16209101	70	田老师	必修	未审核

关系型数据库中的一个表是由行和列组成的，并且要求表中的每行记录必须唯一。在设计表时，可以通过定义主键（PRIMARY KEY）来保证记录（实体）的唯一性。一个表的主键由一个或多个字段组成，值具有唯一性，且不允许去控制，主键的作用是唯一标识表中的每一条记录。如在表1-14中，可以用学号字段作为主键，但是不能使用姓名字段作为主键，因为存在同名现象，无法保证唯一性，有时候表中也有可能没有一个字段具有唯一性，即没有任何字段可以作为主键，这时候可以考虑使用两个或两个以上字段的组合作为主键。

表1-14 学生课程成绩表

学号	课程编号	成绩	学号	课程编号	成绩
14180070	16209020	98	14180083	16309490	87
14180071	16309620	95	17180086	16209101	90

设计表时，可对表中的一个字段或多个字段的组合设置约束条件，由数据库管理系统（如MySQL）自动检测输入的数据是否满足约束条件，不满足约束条件的数据将被数据库管理系统拒绝录入。约束分为表级约束和字段级约束，表级约束是对表中几个字段的约束，字段级约束是对表中一个字段的约束。

几种常见的约束形式如下：

1. 主键约束

主键用来保证表中每条记录的唯一性，因此在设计数据库表时，建议为所有的数据库表都定义一个主键，用于保证数据库表中记录的唯一性。

2. 外键约束

外键约束主要用于定义表与表之间的某种关系。

3. 非空约束

如果在一个字段中允许不输入数据，可以将该字段定义为NULL，如果在一个字段中必须输入数据，则应当将该字段定义为 NOT NULL。如果设置某个字段的非空约束，直接在该字段的数据类型后面加上 NOT NULL 关键字即可。

4. 唯一性约束

如果一个字段值不允许重复，则应当对该字段添加唯一性 UNIQUE 约束。与主键约束不同，一张表中可以存在多个唯一性约束，满足唯一性约束的字段可以取 null 值。如果设置某个字段为唯一性约束，直接在该字段的数据类型后面加上 UNIQUE 关键字即可。

5. 默认约束

默认值字段用于指定一个字段的默认值，当尚未在该字段中输入数据时，该字段中将自动填入这个默认值。

6. 检查约束

检查（CHECK）约束用于检查字段的输入值是否满足指定的条件，在表中输入或者修改记录时，如果不符合检查约束指定的条件，则数据不能写入该字段。

7. 自增约束

自增（AUTO_INCREMENT）约束是 MySQL 唯一扩展的完整性约束，当向数据库表中插入新记录时，字段上的值会自动生成唯一的 ID。在具体设置自增约束时，一个数据库表中只能有一个字段使用该约束，该字段数据类型必须是整型类型。由于设置自增约束后的字段会生成唯一的 ID，所以该字段也经常会被设置为主键。MySQL 中通过 SQL 语句的 AUTO_INCREMENT 来实现。

8. 删除约束

在 MySQL 数据库一个字段的所有约束都可以用 ALTER TABLE 命令删除。

小　　结

本章花了比较大的篇幅对数据库系统进行了概述，详细介绍了数据库的系统结构，对后续学习将用到的结构性查询语言 SQL 运用实例进行了讲解。读者通过实例可以体会 SQL 语言相关的知识。

经典习题

1. 关系模型由哪几部分组成？
2. 数据库系统的组成部分。
3. 阐述数据库三级模式、二级映像的含义及作用。
4. SQL 中有哪四种基本的 DML 操作？

第 2 章

数据库的基本操作

简单来说，数据库就是一个存储数据的仓库，它将数据按照特定的规律存储在磁盘上。为了方便用户组织和管理数据，其专门提供了数据库管理系统。通过数据库管理系统，用户可以有效地组织和管理存储在数据库中的数据。本书所要讲解的 MySQL，就是一种非常优秀的数据库管理系统。

学习目标

- 掌握如何下载 MySQL
- 掌握创建数据库的方法
- 掌握查看、选择数据库的方法
- 熟练操作综合案例数据库的基本操作

视 频

MySQL数据库概述

2.1 MySQL 的概述

2.1.1 MySQL 的产生和发展

MySQL 的历史可以追溯到 1979 年，一个名为 Monty Widenius 的程序员在为 TcX 的小公司打工，并且用 BASIC 设计了一个报表工具，使其可以在 4MHz 主频和 16KB 内存的计算机上运行。当时，这只是一个很底层的且仅面向报表的存储引擎，称为 Unireg。

1990 年，TcX 公司的客户中开始有人要求为他的 API 提供 SQL 支持。Monty 直接借助于 MySQL 的代码，将它集成到自己的存储引擎中。令人失望的是，效果并不太令人满意，于是 Monty 决心自己重写一个 SQL 支持。

1996 年，MySQL 1.0 发布，它只面向一小部分人，相当于内部发布。

1996 年 10 月，MySQL 3.11.1 发布（MySQL 没有 2.x 版本），最开始只提供 Solaris 下的二进制版本。一个月后，Linux 版本出现了。在接下来的两年里，MySQL 依次被移植到各个平台。

1999—2000 年，MySQL AB 公司在瑞典成立。Monty 雇了几个人与 Sleepycat 合作，开发出了 Berkeley DB 引擎，由于 BDB 支持事务处理，因此 MySQL 从此开始支持事务处理了。

2000 年，MySQL 不仅公布自己的源代码，并采用 GPL（GNU General Public License）许可协议，正式进入开放源代码时代。同年 4 月，MySQL 对旧的存储引擎 ISAM 进行了整理，将其命名为 MyISAM。

2001 年，集成 Heikki Tuuri 的存储引擎 InnoDB，这个引擎不仅能支持事务处理，并且支持行级锁。后来该引擎被证明是最为成功的 MySQL 事务存储引擎，MySQL 与 InnoDB 的正式结合版本是 4.0。

2003 年 12 月，MySQL 5.0 版本发布，提供了视图、存储过程等功能。

2008 年 1 月，MySQL AB 公司被 Sun 公司以 10 亿美元收购，MySQL 数据库进入 Sun 时代。在 Sun 时代，Sun 公司对其进行了大量的推广、优化、Bug 修复等工作。

2008 年 11 月，MySQL 5.1 发布，它提供了分区、事件管理，以及基于行的复制和基于磁盘的 NDB 集群系统，同时修复了大量的 Bug。

2009 年 4 月，Oracle 公司以 74 亿美元收购 Sun 公司，自此 MySQL 数据库进入 Oracle 时代，而其第三方的存储引擎 InnoDB 早在 2005 年就被 Oracle 公司收购。

2010 年 12 月，MySQL 5.5 发布，其主要新特性包括半同步的复制及对 SIGNAL/RESIGNAL 的异常处理功能的支持，最重要的是 InnoDB 存储引擎终于变为当前 MySQL 的默认存储引擎。MySQL 5.5 不是时隔两年后的一次简单的版本更新，而是加强了 MySQL 各个方面在企业级的特性。Oracle 公司同时也承诺 MySQL 5.5 和未来版本仍是采用 GPL 授权的开源产品。

2.1.2　MySQL 的组成

MySQL 的组成部分有连接池组件、管理服务和工具组件、SQL 接口组件、查询分析器组件、优化器组件、缓存组件、插件式存储引擎、物理文件，如图 2-1 所示。

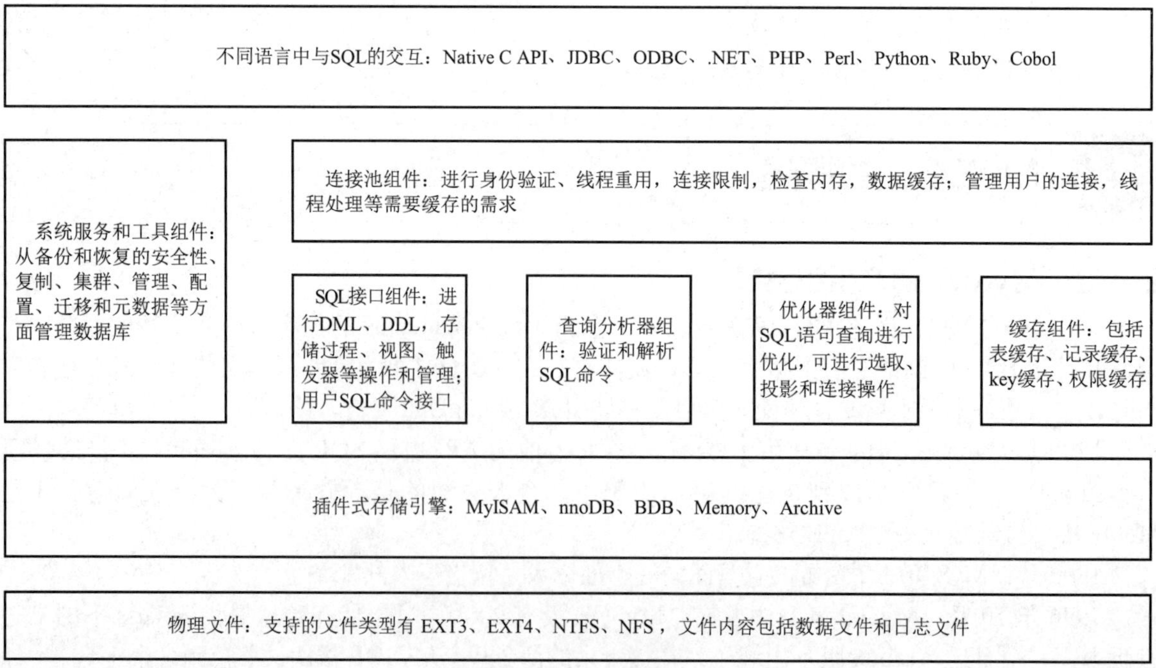

不同语言中与 SQL 的交互：Native C API、JDBC、ODBC、.NET、PHP、Perl、Python、Ruby、Cobol

系统服务和工具组件：从备份和恢复的安全性、复制、集群、管理、配置、迁移和元数据等方面管理数据库

连接池组件：进行身份验证、线程重用，连接限制，检查内存，数据缓存；管理用户的连接，线程处理等需要缓存的需求

SQL接口组件：进行DML、DDL，存储过程、视图、触发器等操作和管理；用户SQL命令接口

查询分析器组件：验证和解析SQL命令

优化器组件：对SQL语句查询进行优化，可进行选取、投影和连接操作

缓存组件：包括表缓存、记录缓存、key缓存、权限缓存

插件式存储引擎：MyISAM、nnoDB、BDB、Memory、Archive

物理文件：支持的文件类型有 EXT3、EXT4、NTFS、NFS，文件内容包括数据文件和日志文件

图 2-1　MySQL 组成部分

2.1.3 MySQL 的优势

MySQL 数据库管理系统具有很多的优势，下面总结了其中几种。

1. MySQL 是开放源代码的数据库

MySQL 是开放源代码的数据库，任何人都可以获取该数据库的源代码。这就使得任何人都可以修正 MySQL 的缺陷，并且任何人都能以任何目的来使用该数据库。MySQL 是一款可以自由使用的数据库。

2. MySQL 的跨平台性

MySQL 不仅可以在 Windows 系列的操作系统上运行，还可以在 UNIX、Linux 和 Mac OS 等操作系统上运行。因为很多网站都选择 UNIX、Linux 作为网站的服务器系统，所以 MySQL 的跨平台性保证了其在 Web 应用方面的优势。

3. 价格优势

MySQL 数据库是一个自由软件，任何人都可以从 MySQL 的官方网站上下载该软件，这些社区版本的 MySQL 都是免费试用的，即使是需要付费的附加功能，其价格也是很便宜的。相对于 Oracle、DB2 和 SQL Server 这些价格昂贵的商业软件，MySQL 具有绝对的价格优势。

4. 功能强大且使用方便

MySQL 是一个真正的多用户、多线程 SQL 数据库服务器。它能够快速、有效和安全地处理大量的数据。相对于 Oracle 等数据库来说，MySQL 的使用是非常简单的。

MySQL 与常用的主流数据库 Oracle、SQL Server 相比，主要特点就是免费，并且在任何平台上都能使用，占用的空间相对较小。但是，MySQL 也有一些不足，如对于大型项目来说，MySQL 的容量和安全性就略逊于 Oracle 数据库。

2.2 MySQL 的安装和管理

2.2.1 下载 MySQL

1. Windows 操作系统下安装

在 Windows 操作系统下，MySQL 官方提供了两种安装版本，分别是二进制分发版（.msi 文件）和免安装版（.zip 压缩文件）。

在安装与配置 MySQL 之前，需要登录官网下载安装文件，具体操作步骤如下：

步骤 1　打开浏览器，在其地址栏中输入网址"https://dev.mysql.com/downloads/mysql"，按"Enter"进入下载页面，然后根据操作系统选择安装文件，此处选择"Windows (x86, 64-bit), ZIP Archive"版本，单击右侧的"Download"按钮，如图 2-2 所示。

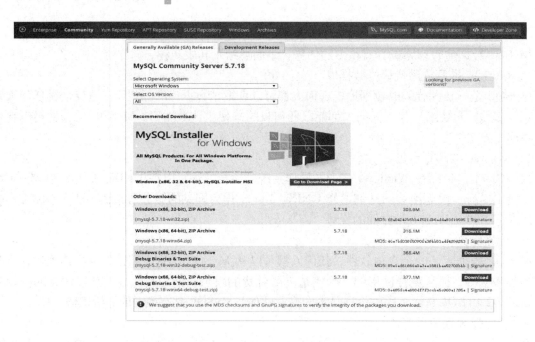

图 2-2　MySQL 下载界面（1）

步骤 2　跳转到另一个页面后，页面会提示用户选择登录或者注册，不用管它，直接单击下方的文字链接"No thanks, just start my download."，即可开始下载，如图 2-3 所示。

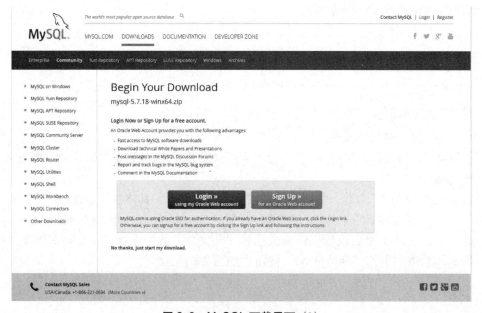

图 2-3　MySQL 下载界面（2）

2. Linux 下安装

Linux 操作系统有许多不同的版本，不同版本的操作系统需要安装的 MySQL 版本也不同，目前 MySQL 主要支持的 Linux 版本有 Ubuntu、SUSE 和 Red Hat。

Red Hat 也分为多种不同的版本，但其安装过程基本相同，读者可以根据不同的操作系统选择相应的安装包，此处选择的 Linux 操作系统版本是 CentOS 7，它属于 Red Hat 的社区版本。Linux 操作系统下 MySQL 安装包及其特点如表 2-1 所示。

表 2-1　Linux 操作系统下 MySQL 安装包及其特点

安装包	简　介	特　点
RPM 包	RPM 包（RPM Package Manager）是一种 Linux 系统下的安装文件，通过命令可以方便的安装与卸载	安装简单，适合初学者；安装路径不能修改；需要分别下载服务端和客户端；一台服务器只能安装一个 MySQL
二进制包	二进制包是源代码经过编译生成的二进制软件包	安装简单；可安装到任何路径下；已经经过编译，不能定制编译参数，性能不是很高；一台服务器可以安装多个 MySQL
源码包	源码包是 MySQL 的源代码，安装之前需要用户自己编译	安装过程复杂，编译时间长；可灵活定制编译参数，性能相对较高；一台服务器可安装多个 MySQL

对于初学者，MySQL 推荐使用 RPM 包，其下载操作如下：

在浏览器地址栏中输入网址"https://dev.mysql.com/downloads/mysql"，按"Enter"键进入下载页面，在操作系统下拉列表中选择"Red Hat Enterprise Linux / Oracle Linux"，在系统版本下拉列表中选择"Red Hat Enterprise Linux 7 / Oracle Linux 7 (x86, 64-bit)"，如图 2-4 所示。

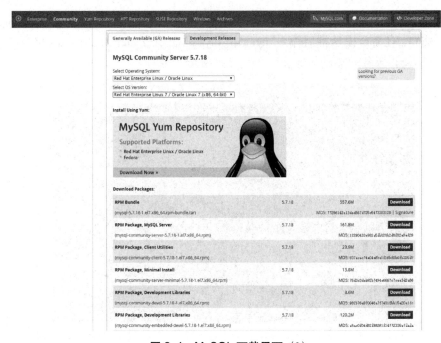

图 2-4　MySQL 下载界面（3）

2.2.2　启动、暂停或退出 MySQL

在 Windows 操作系统中，可以采用以下几种方法启动、停止和重启 MySQL。

方法一：

在桌面上右击"计算机"图标，选择"管理"菜单项，在弹出的"计算机管理"对话框中，展开左侧列表中的"服务和应用程序"选项，然后单击"服务"选项，在右侧的"服务"视图中找到"MySQL"服务,单击相应功能即可实现 MySQL 服务的启动、暂停、停止及重启动。

方法二:

选择"开始"|"运行"命令,在弹出的"运行"对话框中输入"services.msc"命令,单击"确定"按钮,即可打开"服务"窗口,找到"MySQL"服务,即可完成相应功能,如图 2-5 所示。

图 2-5　启动、停止和重启 MySQL 相关服务

方法三:

选择"开始"|"运行"命令,在弹出的"运行"对话框中输入"cmd"命令,单击"确定"按钮,进入 DOS 命令窗口。在命令提示符后输入"net start mysql"命令或"net stop mysql"命令,按下"Enter"键,即可实现 MySQL 服务的启动与停止,如图 2-6 所示。

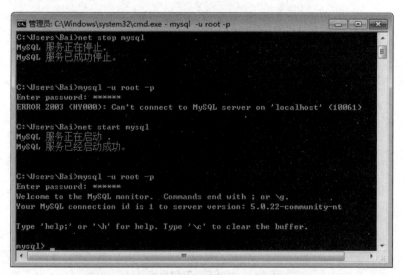

图 2-6　命令行启动与停止 MySQL 相关服务

进入 Linux 操作系统后,直接输入以下命令,即可启动、停止和重启 MySQL。

- 启动 MySQL:service mysqld start;
- 停止 MySQL:service mysqld stop;
- 重启 MySQL:service mysqld restart。

2.3 MySQL 工具和实用程序

2.3.1 MySQL 命令行实用程序

1. MySQL 服务端实用工具

mysqld：SQL 的后台程序（MySQL 服务器进程）。该程序必须运行之后，客户端才能连接服务器访问数据库。

mysqld_safe：服务器启动脚本，在 UNIX 推荐使用 mysqld_safe 来启动 mysqld 服务器。mysqld_safe 增加了一些安全特性。

msq.server：服务器启动脚本，用于使用包含为特定级别的、运行启动服务的脚本的、运行目录的系统。它调用 mysqld_safe 来启动 MySQL 服务器。

mysqld_multi：服务器启动脚本，可以启动或者停止系统上安装的多个服务器。

myisamchk：用来描述、检查、优化和维护 MyISAM 表的实用工具。

mysqlbug：MySQL 缺陷报告脚本，它可以用来向 MySQL 邮件系统发送缺陷报告。

mysql_install_db：该脚本用默认权限创建 MySQL 授权表，通常只有在系统上首次安装 MySQL 执行一次。

2. MySQL 客户端实用工具

myisampack：压缩 MyISAM 表以产生一个更小的只读表的一个工具。

mysql：交互式输入 SQL 语句或从文件以批处理模式执行他们的命令行工具。

mysqlaccess：检查主机名、用户名和数据库组合的权限脚本。

mysqladmin：执行管理操作的客户程序，如创建删除数据库、重载授权表、将表刷新到硬盘、以及重新打开日志文件。mysqladmin 还可以用来检索版本、进程以及服务器的状态信息。

mysqlbinlog：从二进制日志读取语句的工具。在二进制日志文件中包含执行过的语句，可用来帮助系统从崩溃中恢复。

mysqlcheck：检查、修复、分析以及优化表的表维护客户程序。

mysqldump：将 MySQL 数据库转储到一个文件的客户程序。

mysqlhotcopy：当服务器运行中，快速备份 MyISAM 或 ISAM 表的工具。

mysql import：使用 LOAD DATA INFILE 将文本文件导入相关表的客户程序。

mysqlshow：显示数据库、表、列、索引相关信息的客户程序。

perror：显示系统或者 MySQL 错误代码含义的工具。

2.3.2 实用程序常用的图形化管理工具

MySQL 图形化管理工具极大地方便了数据库的操作与管理，除了系统自带的命令行管理工具之外，常用的图形化管理工具还有 MySQL Workbench、phpMyAdmin、Navicat、MySQLDumper、SQLyog、MySQL ODBC Connector。其中 phpMyAdmin 和 Navicat 提供中文操作界面，MySQL Workbench、MySQL ODBC Connector、MySQLDumper 为英文界面。下面介绍几个常用的图形管理工具。

1. MySQL Workbench

MySQL Workbench 是 MySQL 官方提供的图形化管理工具，分为社区版和商业版，社区版完全免费，而商业版则是按年收费。支持数据库的创建、设计、迁移、备份、导出和导入等功能，并且支持 Windows、Linux 和 mac 等主流操作系统。

2. phpMyAdmin

phpMyAdmin 是最常用的 MySQL 维护工具，使用 PHP 编写，通过 Web 方式控制和操作 MySQL 数据库，是 Windows 中 PHP 开发软件的标配。通过 phpMyAdmin 可以完全对数据库进行操作，例如建立、复制、删除数据等。管理数据库非常方便，并支持中文，不足之处在于对大数据库的备份和恢复不方便，对于数据量大的操作容易导致页面请求超时。

3. Navicat

Navicat 是一个强大的 MySQL 数据库服务器管理和开发工具。它可以与任何版本的 MySQL 一起工作，支持触发器、存储过程、函数、事件、视图、管理用户等。对于新手来说也易学易用。Navicat 使用图形化的用户界面（GUI），可以让用户用一种安全简便的方式来快速方便地创建、组织、访问和共享信息。Navicat 支持中文，有免费版本提供。

4. SQLyog

SQLyog 是一款简洁高效、功能强大的图形化管理工具。SQLyog 操作简单，功能强大，能够帮助用户轻松管理自己的 MySQL 数据库。SQLyog 中文版支持多种数据格式导出，可以快速帮助用户备份和恢复数据，还能够快速地运行 SQL 脚本文件，为用户的使用提供便捷。使用 SQLyog 可以快速直观地让用户从世界的任何角落通过网络来维护远端的 MySQL 数据库。

5. MySQLDumper

MySQLDumper 使用基于 PHP 开发的 MySQL 数据库备份恢复程序，解决了使用 PHP 进行大数据库备份和恢复的问题。数百兆的数据库都可以方便地备份恢复，不用担心网速太慢而导致中断的问题，非常方便易用。

2.4 数据库的创建

2.4.1 数据库的构成

在 MySQL 中，数据库可以分为系统数据库和用户数据库两大类。

（1）系统数据库：系统数据库是指 MySQL 安装配置完成之后，系统自动创建的一些数据库。可以使用 SHOW DATABASES 语句查看当前系统中存在的系统数据库。

（2）用户数据库：用户数据库是用户根据实际需求手动创建的数据库。

数据库对象是指存储、管理和使用数据的不同结构形式，主要包括表、索引、视图、默认值、规则、触发器、存储过程和函数等。

MySQL 安装完成之后，将会在其 data 目录下自动创建几个必须的数据库，可以使用"SHOW DATABASES;"语句来查看当前所有存在的数据库。

```
mysql> SHOW DATABASES;
+--------------------------------------+
| Database                             |
+--------------------------------------+
```

```
| information_schema     |
| mysql                  |
| performance_schema     |
| sys                    |
+------------------------+
4 rows in set (0.00 sec)
```

2.4.2 使用命令行窗口创建数据库

创建数据库的关键字为 CREATE，语法形式如下：

```
CREATE DATABASE database_name;
```

数据库命名格式要求：
- 一般由字母和下画线组成，不允许有空格，可以是英文单词、英文短语或相应缩写。
- 不允许是 MySQL 关键字。
- 长度最好不超过 128 位。
- 不能与其他数据库同名。

【实例2-1】使用 CREATE 关键字创建数据库 db_shop。

```
mysql> CREATE DATABASE db_shop;
Query OK, 1 row affected (0.00 sec)
```

2.4.3 使用图形化工具创建数据库

步骤 1　打开 Navicat for MySQL 软件，连接 MySQL。

步骤 2　右击左侧列表中已建立的连接，在弹出的快捷菜单中执行"新建数据库"命令，如图 2-7 所示。

步骤 3　打开"新建数据库"对话框，在"数据库名"文本框中输入数据库名，此处为"book"，如图 2-8 所示。

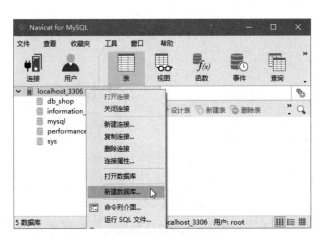

图 2-7　新建数据库

图 2-8　填写数据库名

步骤4　单击"确定"按钮，即可创建一个新的数据库，如图2-9所示。

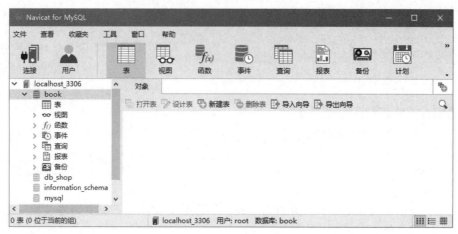

图2-9　成功创建数据库

2.5 数据库的查看和选择

可以为每个数据库都设置若干个决定数据库特点的数据库级选项。只有系统管理员、数据库所有者、sysadmin和dbcreator固定服务器角色以及db_owner固定数据库角色的成员才能修改这些选项。这些选项对于每个数据库都是唯一的，而且不影响其他数据库。

1. 查看数据库

执行以下命令，可查看数据库管理系统中所有的数据库。

```
SHOW DATABASES;
```

2. 选择数据库

选择数据库的语法形式如下：

```
USE database_name;
```

其中，database_name表示数据库名称。

【实例2-2】选择数据库db_shop。

```
mysql> USE db_shop;
Database changed
```

2.6 数据库的删除

一般我们使用图形化工具创建数据库时，大部分都是直接用右击新建数据库，那删除也是一样的。其实创建和删除数据库都有两种方法，一种是右击；另一种是用代码的方式。有时候在删除数据库时，代码执行完毕后，在数据库列表中已删除了的数据库还在，这只是一个页面没有缓冲过来的现象，刷新后即可。

2.6.1 使用命令行窗口删除数据库

删除数据库的关键字为 DROP DATABASE，语法形式如下：

```
DROP DATABASE database_name;
```

其中，database_name 表示数据库名称。

【实例2-3】删除数据库 db_shop。

```
mysql> DROP DATABASE db_shop;
Query OK, 0 rows affected (0.07 sec)
```

2.6.2 使用图形化工具删除数据库

使用图形化工具删除数据库，需要右击数据库名称，在弹出的快捷菜单中执行"删除数据库"命令，如图 2-10 所示。

图 2-10 删除数据库

2.7 综合案例——数据库的创建和删除

1. 创建数据库

启动 MySQL 服务之后，输入以下命令连接到 MySQL 服务器：

```
[mysql@db3 ~]$ mysql -uroot -p
Enter password:
Welcome to the MySQL monitor. Commands end with ; or \g.
Your MySQL connection id is 7344941 to server version: 5.1.9-beta-log
```

```
Type 'help;' or '\h' for help. Type '\c' to clear the buffer.
mysql>
```

在以上命令行中，mysql 代表客户端命令；-u 后面跟连接的数据库用户；-p 表示需要输入密码。如果数据库设置正常，并输入正确的密码，将看到上面一段欢迎界面和一个 mysql> 提示符。

通过"help;"或者"\h"命令来显示帮助内容，通过"\c"命令来清除命令行 buffer。在 mysql> 提示符后面输入所要执行的 SQL 语句，每个 SQL 语句以"；"或者"\g"结束，按"Enter"键执行。

因为所有的数据都存储在数据库中，因此需要学习的第一个命令是创建数据库，语法如下：

```
CREATE DATABASE dbname;
```

例如，创建数据库 test1，命令执行如下：

```
mysql> create database test1;
Query OK, 1 row affected (0.00 sec)
```

可以发现，执行完创建命令后，下面有一行提示"Query OK, 1 row affected (0.00 sec)"，这段提示可以分为 3 部分："Query OK"表示上面的命令执行成功，读者可能觉得奇怪，又不是执行查询操作，为什么显示查询成功？其实这是 MySQL 的一个特点，所有的 DDL 和 DML（不包括 SELECT）操作执行成功后都显示"Query OK"，这里理解为执行成功就可以了；"1 row affected"表示操作只影响了数据库中一行的记录；"0.00 sec"则记录了操作执行的时间。如果已经存在这个数据库，系统会提示：

```
mysql> create database test1;
ERROR 1007 (HY000): Can't create database 'test1'; database exists
```

这个时候，如果需要知道系统中都存在哪些数据库，可以用以下命令来查看：

```
mysql> show databases;
+--------------------+
| Database           |
+--------------------+
| information_schema |
| cluster            |
| mysql              |
| test               |
| test1              |
+--------------------+
5 rows in set (0.00 sec)
```

可以发现，在上面的列表中除了刚刚创建的 test1 外，还有另外 4 个数据库，它们都是安装 MySQL 时系统自动创建的，其各自功能如下：

information_schema：主要存储了系统中的一些数据库对象信息。如用户表信息、列信息、权限信息、字符集信息、分区信息等。

cluster：存储了系统的集群信息。

mysql：存储了系统的用户权限信息。

test：系统自动创建的测试数据库，任何用户都可以使用。

在查看了系统中已有的数据库后，可以用如下命令选择要操作的数据库：

```
USE dbname;
```

例如，选择数据库 test1。

```
mysql> use test1;
Database changed
```

然后再用以下命令来查看 test1 数据库中创建的所有数据表：

```
mysql> show tables;
Empty set (0.00 sec)
```

由于 test1 是刚创建的数据库，还没有表，所以显示为空。命令行下面的"Empty set"表示操作的结果集为空。如果查看一下 mysql 数据库里面的表，则可以得到以下信息：

```
mysql> use mysql;
Database changed
mysql> show tables;
+---------------------------+
| Tables_in_mysql           |
+---------------------------+
| columns_priv              |
| db                        |
| event                     |
| func                      |
| general_log               |
| help_category             |
| help_keyword              |
| help_relation             |
| help_topic                |
| host                      |
| plugin                    |
| proc                      |
| procs_priv                |
| slow_log                  |
| tables_priv               |
| time_zone                 |
| time_zone_leap_second     |
| time_zone_name            |
| time_zone_transition      |
| time_zone_transition_type |
| user                      |
+---------------------------+
21 rows in set (0.00 sec)
```

2. 删除数据库

删除数据库的语法很简单，如下所示：

```
drop database dbname;
```

例如，要删除 test1 数据库可以使用以下语句。

```
mysql> drop database test1;
Query OK, 0 rows affected (0.00 sec)
```

可以发现，提示操作成功后，后面却显示了"0 rows affected"，这个提示可以不用管它，在 MySQL 里面，drop 语句操作的结果显示都是"0 rows affected"。

注意：数据库删除后，下面的所有表数据都会全部删除，所以删除前一定要仔细检查并做好相应备份。

小　结

本章花了比较大的篇幅对数据库的创建和删除进行了介绍，还给出了部分创建和管理数据库的实例和数据库配置的实例。读者通过实例可以体会创建数据库和管理数据库的方法。

经典习题

1. 查看当前系统中的数据库。
2. 创建数据库 test，使用"SHOW CREATE DATABASE"语句查看数据库定义信息。
3. 删除数据库 test。

第 3 章

数据表的基本操作

数据表是数据库中最重要、最基本的操作对象，是数据存储的基本单位。数据表被定义为列的集合，数据在表中是按照行和列的格式来存储的。每一行代表一个唯一的记录，每一列代表记录中的一个域。

学习目标

- 掌握如何创建数据表
- 掌握查看数据表结构的方法
- 掌握如何修改数据表
- 熟悉查询数据表的方法
- 熟练掌握综合案例数据表的基本操作

数据表的基本操作

3.1 创建表

3.1.1 创建表的语法形式

创建数据表，实际上是规定列属性和实现数据完整性约束的过程，基本语法形式如下：

```
CREATE TABLE table_name(
col_name1 data_type [Constraints],
col_name2 data_type [Constraints],
……
col_namen data_type [Constraints]
);
```

数据表命名应遵循以下原则：

- 长度最好不超过 30 个字符；

- 多个单词之间使用下画线"_"分隔,不允许有空格。
- 不允许为 MySQL 关键字。
- 不允许与同一数据库中的其他数据表同名。

【实例3-1】根据表 3-1 的数据信息创建数据表 goods。

表 3-1 goods 表结构

字 段	数 据 类 型	约 束	注 释
id	INT(11)	主键、自增	商品编号
type	VARCHAR(30)	非空	商品类别
name	VARCHAR(30)	唯一	商品名称
price	DECIMAL(7,2)	无符号	商品价格
num	INT(11)	默认值为 0	商品库存
add_time	DATETIME		添加时间

3.1.2 使用 SQL 语句设置约束条件

1. 设置主键约束

主键,也称主码,用于标识表中唯一的一条记录。一张表中只能有一个主键,并且主键值不能为空。

主键约束是最常用的一种约束,设置主键约束的关键字为 PRIMARY KEY,使用 SQL 语句可以在定义字段时设置主键约束,也可以在定义好表中所有字段后再设置主键约束。

1) 定义字段时设置主键约束

语法形式为:

```
col_name data_type PRIMARY KEY
CREATE TABLE goods (
id INT(11) PRIMARY KEY,
……
);
```

【实例3-1】创建的数据表 goods 中的 id 字段便设置了主键约束,SQL 语句如下:

```
CREATE TABLE goods(
id INT(11)PROMARY KEY
……
);
```

2) 定义所有字段后设置主键约束

语法形式为:

```
PRIMARY KEY (col_name)
CREATE TABLE goods (
id INT(11),
……
PRIMARY KEY (id)
);
```

2. 设置自增约束

在向数据表中插入数据时，如果用户希望每条记录的编号自动生成，并且按顺序排列，可以为该字段设置自增约束。

设置自增约束的关键字为 AUTO_INCREMENT，语法形式如下：

```
col_name data_type AUTO_INCREMENT
```

实例 3-1 创建的数据表 goods 中的 id 字段便设置了自增约束，SQL 语句如下：

```
CREATE TABLE goods(
id INT(11) PRIMARY KEY AUTO_INCREMENT,
……
);
```

- 一张表中只能设置一个字段为自增约束，并且该字段必须为主键。
- 默认的初始值为 1，每增加一条记录，字段值自动增加 1。
- 字段类型必须为整数型。

3. 设置非空约束

设置非空约束的关键字为 NOT NULL，作用是规定字段的值不能为空，用户在向数据表中插入数据时，如果设置非空约束的字段没有指定值，系统就会报错。

语法形式如下：

```
col_name data_type NOT NULL
```

实例 3-1 创建的数据表 goods 中的 type 字段便设置了非空约束，SQL 语句如下：

```
CREATE TABLE goods(
type VARCHAR(30) NOT NULL,
……
);
```

4. 设置唯一性约束

设置唯一性约束的关键字为 UNIQUE。

1）定义字段时设置唯一性约束

语法形式如下：

```
col_name data_type UNIQUE
```

实例 3-1 创建的数据表 goods 中的 name 字段便设置了唯一性约束，SQL 语句如下：

```
CREATE TABLE goods(
name VARCHAR(30) UNIQUE,
……
);
```

2）定义所有字段后设置唯一性约束

语法形式如下：

```
UNIQUE KEY(col_name)
```

5. 设置无符号约束

为字段设置无符号约束的关键字为 UNSIGNED，其作用是规定此列所存储的数据不为负数。语法形式如下：

```
col_name data_type UNSIGNED;
```

实例 3-1 创建的数据表 goods 中的 price 字段便设置了无符号约束，SQL 语句如下：

```
CREATE TABLE goods(
price DECIMAL(7,2) UNSIGNED,
……
);
```

6. 设置默认约束

设置默认约束的关键字为 DEFAULT，语法形式如下：

```
col_name data_type DEFAULT value
```

实例 3-1 创建的数据表 goods 中的 num 字段便设置了默认约束，SQL 语句如下：

```
CREATE TABLE goods(
num INT(11) DEFAULT 0,
……
);
```

7. 设置外键约束

设置外键约束的主要作用是保证数据的完整性。

外键可以不是所属数据表的主键，但会对应着另外一张数据表的主键。例如，商品和订单之间具有一定联系，订单数据表会有一个字段存储商品的编号，而这个字段的值对应着商品数据表中的商品编号，订单数据表可以称为从表，商品数据表可以称为主表，订单数据表中的商品编号字段就可以称为外键。

设置外键约束的语法形式如下：

```
CONSTRAINT key_name FOREIGN KEY(child_col_name)
REFERENCES parent_table_name(parent_col_name);
```

其中，CONSTRAINT、FOREIGN KEY 和 REFERENCES 为设置外键约束的关键字，key_name 表示外键名；child_col_name 表示从表中需要设置外键约束的字段名；parent_table_name 表示主表名；parent_col_name 表示主表中主键的字段名。

【实例 3-2】根据表 3-2 创建从表 orders，为 goods_id 字段设置外键约束。

表 3-2　orders 表结构

字　段	数 据 类 型	约　　束	注　　释
o_id	INT(11)	主键	订单编号
add_time	DATETIME	—	添加时间
goods_id	INT(11)	外键	商品编号

选择数据库 db_shop 后，执行以下 SQL 语句，创建数据表 orders。

第 3 章 数据表的基本操作

```
CREATE TABLE orders(
o_id INT(11) PRIMARY KEY,
add_time DATETIME,
goods_id INT(11),
CONSTRAINT goo_ord FOREIGN KEY(goods_id) REFERENCES goods(id)
);
```

设置外键约束时应注意以下几点：
- 主表和从表必须使用 InnoDB 存储引擎。
- 设置外键约束的字段和关联的主键必须具有相同的数据类型。

8. 设置表的存储引擎

MySQL 的核心就是存储引擎。MySQL 存储引擎主要有 InnoDB、MyISAM、Memory、BDB、Merge、Archive、Federated、CSV、BLACKHOLE 等。MySQL 中修改数据表的存储引擎的语法格式如下：

```
ALTER TABLE <表名> ENGINE=<存储引擎名>;
```

ENGINE 关键字用来指明新的存储引擎。

【实例3-3】根据表 3-3 创建 category 表，并设置其存储引擎为 MyISAM，用于存储商品类别。

表 3-3 category 表结构

字 段	数据类型	约 束	注 释
id	INT(11)	主键	类别编号
name	VARCHAR(30)	—	类别名称
p_id	INT(11)	—	父类编号

选择数据库 db_shop 后，执行以下 SQL 语句，创建数据表 category。

```
CREATE TABLE category (
id INT(11) PRIMARY KEY,
name VARCHAR(30),
p_id INT(11)
) ENGINE=MyISAM;
```

3.1.3 使用图形化工具创建表并设置约束条件

实际工作中，使用图形化工具可以更简单快捷地创建数据表。本节将通过创建商品评价表 comment，并为其设置约束条件，介绍使用图形化工具创建表和设置约束条件的方法。comment 表结构如表 3-4 所示、reply 表结构如表 3-5 所示。

表 3-4 comment 表结构

字 段	数据类型	约 束	注 释
Id	INT(11)	主键、自增	评价编号
goods_id	INT(11)	非空、无符号	评价商品
user_id	INT(11)	非空、无符号	评价用户

表 3-5 reply 表结构

字 段	数据类型	约 束	注 释
id	INT(11)	主键、自增	回复编号
comment_id	INT(11)	非空、无符号	评价编号
user_id	INT(11)	非空、无符号	评价用户
r_content	TEXT	—	回复内容
add_time	DATETIME	—	添加时间

3.2 查看表结构

3.2.1 使用 SQL 语句查看表结构

数据表创建完成后,可以通过查看表结构或者查看建表语句,来确认表的定义是否正确。

1. 查看表结构

查看表结构的关键字为 DESCRIBE,语法形式如下:

```
DESCRIBE table_name;
```

2. 查看建表语句

使用 SHOW CREATE TABLE 语句可以查看表的建表语句,语法形式如下:

```
SHOW CREATE TABLE table_name \G;
```

【实例3-4】执行 SHOW CREATE TABLE 语句,查看 goods 表的建表语句,如下所示:

```
mmysql> SHOW CREATE TABLE goods \G;
*************************** 1. row ***************************
       Table: goods
Create Table: CREATE TABLE 'goods' (
  'id' int(11) NOT NULL AUTO_INCREMENT,
  'type' varchar(30) NOT NULL,
  'name' varchar(30) DEFAULT NULL,
  'price' decimal(7,2) unsigned DEFAULT NULL,
  'num' int(11) DEFAULT '0',
  'add_time' datetime DEFAULT NULL,
  PRIMARY KEY ('id'),
  UNIQUE KEY 'name' ('name')
) ENGINE=InnoDB DEFAULT CHARSET=utf8
1 row in set (0.02 sec)
```

3.2.2 使用图形化工具查看表结构

1. 查看表结构

启动 Navicat for MySQL 并连接 MySQL 后,双击打开 localhost_3306 连接,然后双击选择 db_shop 数据库,系统会在右侧"对象"选项卡中打开数据表列表,选中要查看的 goods 表,单击"设计表"按钮，即可查看数据表结构，如图 3-1 所示。

图 3-1　数据表结构

2. 查看建表语句

进入数据表列表页面后，右击要查看的 goods 表，在弹出的快捷菜单中选择"对象信息"表，表下方会出现"常规"和"DDL"选项卡，单击"DDL"切换到该选项卡，即可查看建表语句，如图 3-2 所示。

图 3-2　查看建表语句

3.3　修 改 表

MySQL 提供了 ALTER 关键字来修改表结构。

3.3.1 使用 SQL 语句修改数据表

1. 修改表名
修改数据表名称的关键字为 RENAME,语法形式如下:

```
ALTER TABLE old_table_name RENAME new_table_name;
```

【实例3-5】执行 SQL 语句,将 goods 表的名称改为 tb_goods。

```
mysql> ALTER TABLE goods RENAME tb_goods;
Query OK, 0 rows affected (0.18 sec)
```

2. 修改字段数据类型
修改字段数据类型的关键字为 MODIFY,语法形式如下:

```
ALTER TABLE table_name MODIFY col_name new_data_type;
```

【实例3-6】执行 SQL 语句,将 tb_goods 表中 type 字段的数据类型修改为 CHAR(30),并查看表结构。

```
mysql> ALTER TABLE tb_goods MODIFY type CHAR(30);
Query OK, 0 rows affected (0.58 sec)
Records: 0  Duplicates: 0  Warnings: 0
mysql> DESC tb_goods;
+----------+-------------------+------+-----+---------+----------------+
| Field    | Type              | Null | Key | Default | Extra          |
+----------+-------------------+------+-----+---------+----------------+
| id       | int(11)           | NO   | PRI | NULL    | auto_increment |
| type     | char(30)          | YES  |     | NULL    |                |
| name     | varchar(30)       | YES  | UNI | NULL    |                |
| price    | decimal(7,2) unsigned| YES |     | NULL    |                |
| num      | int(11)           | YES  |     | 0       |                |
| add_time | datetime          | YES  |     | NULL    |                |
+----------+-------------------+------+-----+---------+----------------+
6 rows in set (0.00 sec)
```

3. 修改字段名
修改数据表字段名称的关键字为 CHANGE,语法形式如下:

```
ALTER TABLE table_name CHANGE old_col_name new_col_name data_type;
```

【实例3-7】执行 SQL 语句,将 tb_goods 表中 name 字段的名称改为 g_name,并查看表结构。

```
mysql> ALTER TABLE tb_goods CHANGE name g_name VARCHAR(30);
Query OK, 0 rows affected (0.09 sec)
Records: 0  Duplicates: 0  Warnings: 0
```

```
mysql> DESC tb_goods;
+---------+------------------------+------+-----+---------+----------------+
| Field   | Type                   | Null | Key | Default | Extra          |
+---------+------------------------+------+-----+---------+----------------+
| id      | int(11)                | NO   | PRI | NULL    | auto_increment |
| type    | char(30)               | YES  |     | NULL    |                |
| g_name  | varchar(30)            | YES  | UNI | NULL    |                |
| price   | decimal(7,2) unsigned  | YES  |     | NULL    |                |
| num     | int(11)                | YES  |     | 0       |                |
| add_time| datetime               | YES  |     | NULL    |                |
+---------+------------------------+------+-----+---------+----------------+
6 rows in set (0.00 sec)
```

使用上述语句也可以修改数据类型。例如，将 g_name 字段名称修改为 name，数据类型修改为 CHAR(30)，结果如下：

```
mysql> ALTER TABLE tb_goods CHANGE g_name name CHAR(30);
Query OK, 0 rows affected (0.49 sec)
Records: 0  Duplicates: 0  Warnings: 0
```

4. 添加字段

常见添加字段的操作一般分为三种情况：在表的最后一列，在表的第一列或者在指定列之后。

1) 在表的最后一列添加字段

添加字段的关键字为 ADD，语法形式如下：

```
ALTER TABLE table_name ADD col_name data_type;
```

【实例3-8】执行 SQL 语句，在 tb_goods 表中添加 picture 字段。

```
ALTER TABLE tb_goods ADD picture VARCHAR(255);
```

执行SQL语句查看表结构，可以发现在表的最后一列添加了一个名为picture的字段，结果如下：

```
mysql> DESC tb_goods;
+---------+------------------------+------+-----+---------+----------------+
| Field   | Type                   | Null | Key | Default | Extra          |
+---------+------------------------+------+-----+---------+----------------+
| id      | int(11)                | NO   | PRI | NULL    | auto_increment |
| type    | char(30)               | YES  |     | NULL    |                |
| name    | char(30)               | YES  | UNI | NULL    |                |
| price   | decimal(7,2) unsigned  | YES  |     | NULL    |                |
| num     | int(11)                | YES  |     | 0       |                |
```

```
| add_time        | datetime              | YES  |     | NULL |                |
| picture         | varchar(255)          | YES  |     | NULL |                |
+-----------------+-----------------------+------+-----+------+----------------+
7 rows in set (0.00 sec)
```

2) 在表的第一列添加字段

```
ALTER TABLE table_name ADD col_name data_type FIRST;
```

【实例3-9】执行 SQL 语句，在 tb_goods 表中添加 state 字段。

```
ALTER TABLE tb_goods ADD state TINYINT(4) FIRST;
```

执行 SQL 语句查看表结构，可以发现在表的第一列添加了一个名为 state 的字段，结果如下：

```
mysql> DESC tb_goods;
+-----------+----------------------+------+-----+------+----------------+
| Field     | Type                 | Null | Key | Default | Extra       |
+-----------+----------------------+------+-----+------+----------------+
| state     | tinyint(4)           | YES  |     | NULL |                |
| id        | int(11)              | NO   | PRI | NULL | auto_increment |
| type      | char(30)             | YES  |     | NULL |                |
| name      | char(30)             | YES  | UNI | NULL |                |
| price     | decimal(7,2) unsigned| YES  |     | NULL |                |
| num       | int(11)              | YES  |     | 0    |                |
| add_time  | datetime             | YES  |     | NULL |                |
| picture   | varchar(255)         | YES  |     | NULL |                |
+-----------+----------------------+------+-----+------+----------------+
8 rows in set (0.00 sec)
```

3) 在表的指定列之后添加字段

```
ALTER TABLE table_name ADD col_name1 data_type AFTER col_name2;
```

【实例3-10】执行 SQL 语句，在 tb_goods 表中 num 字段之后添加 intro 字段。

```
ALTER TABLE tb_goods ADD intro TEXT AFTER num;
```

执行 SQL 语句查看表结构，可以发现在表中 num 字段之后添加了 intro 字段，结果如下：

```
mysql> DESC tb_goods;
+-----------+--------------------------+------+-----+---------+----------------+
| Field     | Type                     | Null | Key | Default | Extra          |
+-----------+--------------------------+------+-----+---------+----------------+
```

```
| state    | tinyint(4)         | YES |     | NULL    |                |
| id       | int(11)            | NO  | PRI | NULL    | auto_increment |
| type     | char(30)           | YES |     | NULL    |                |
| name     | char(30)           | YES | UNI | NULL    |                |
| price    | decimal(7,2) unsigned | YES |  | NULL    |                |
| num      | int(11)            | YES |     | 0       |                |
| intro    | text               | YES |     | NULL    |                |
| add_time | datetime           | YES |     | NULL    |                |
| picture  | varchar(255)       | YES |     | NULL    |                |
+----------+--------------------+-----+-----+---------+----------------+
9 rows in set (0.00 sec)
8 rows in set (0.00 sec)
```

5. 删除字段

删除数据表字段的关键字为 DROP, 语法形式如下：

```
ALTER TABLE table_name DROP col_name;
```

【实例3-11】执行 SQL 语句，将 tb_goods 表中的 picture 字段删除。

```
ALTER TABLE tb_goods DROP picture;
```

执行 SQL 语句查看表结构，结果如下：

```
mysql> DESC tb_goods;
+----------+--------------------+------+-----+---------+----------------+
| Field    | Type               | Null | Key | Default | Extra          |
+----------+--------------------+------+-----+---------+----------------+
| state    | tinyint(4)         | YES  |     | NULL    |                |
| id       | int(11)            | NO   | PRI | NULL    | auto_increment |
| type     | char(30)           | YES  |     | NULL    |                |
| name     | char(30)           | YES  | UNI | NULL    |                |
| price    | decimal(7,2) unsigned | YES |   | NULL    |                |
| num      | int(11)            | YES  |     | 0       |                |
| intro    | text               | YES  |     | NULL    |                |
| add_time | datetime           | YES  |     | NULL    |                |
+----------+--------------------+------+-----+---------+----------------+
8 rows in set (0.01 sec)
```

6. 修改字段顺序

修改字段顺序的关键字为 MODIFY, 语法形式如下：

```
ALTER TABLE table_name MODIFY col_name data_type FIRST | AFTER col_name2;
```

【实例3-12】执行 SQL 语句，将 tb_goods 表的 state 字段位置修改为 id 字段之后。

```
ALTER TABLE tb_goods MODIFY state TINYINT(4) AFTER id;
```

执行 SQL 语句查看表结构结果，如下：

```
mysql> DESC tb_goods;
+----------+--------------------+------+-----+---------+----------------+
| Field    | Type               | Null | Key | Default | Extra          |
+----------+--------------------+------+-----+---------+----------------+
| id       | int(11)            | NO   | PRI | NULL    | auto_increment |
| state    | tinyint(4)         | YES  |     | NULL    |                |
| type     | char(30)           | YES  |     | NULL    |                |
| name     | char(30)           | YES  | UNI | NULL    |                |
| price    | decimal(7,2) unsigned | YES |  | NULL    |                |
| num      | int(11)            | YES  |     | 0       |                |
| intro    | text               | YES  |     | NULL    |                |
| add_time | datetime           | YES  |     | NULL    |                |
+----------+--------------------+------+-----+---------+----------------+
8 rows in set (0.00 sec)
8 rows in set (0.01 sec)
```

7. 修改存储引擎

用户可以在创建表时设置存储引擎，也可以在表创建完成之后修改表的存储引擎，语法形式如下：

```
ALTER TABLE table_name ENGINE=e_name;
```

在修改存储引擎之前，往往需要首先查看表当前的存储引擎，语法形式如下：

```
SHOW CREATE TABLE table_name\G
```

【实例3-13】修改 category 表的存储引擎为 InnoDB。

首先执行 SQL 语句，查看 category 表的存储引擎，结果如下：

```
mysql> SHOW CREATE TABLE category \G
*************************** 1. row ***************************
       Table: category
Create Table: CREATE TABLE `category` (
  'id' int(11) NOT NULL,
  'name' varchar(30) DEFAULT NULL,
  'p_id' int(11) DEFAULT NULL,
  PRIMARY KEY (`id`)
) ENGINE=MyISAM DEFAULT CHARSET=utf8
1 row in set (0.00 sec)
8 rows in set (0.00 sec)
```

```
8 rows in set (0.01 sec)
mysql> ALTER TABLE category ENGINE=InnoDB;
Query OK, 0 rows affected (0.31 sec)
Records: 0  Duplicates: 0  Warnings: 0
```

3.3.2 使用图形化工具修改数据表

1. 修改表名

在数据表列表中右击需要修改名称的表，此处为 tb_goods 表，在弹出的快捷菜单中选择"重命名"命令，如图 3-3 所示，此时表名称将处于可编辑状态，删除原名称，重新输入新名称"goods"并按"Enter"键即可。

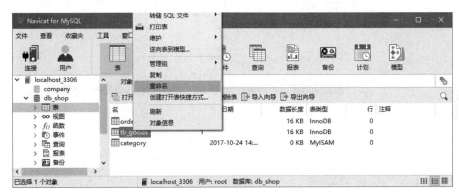

图 3-3　修改表名

2. 修改数据类型

首先选中需要修改结构的表，此处为 goods 表，单击"设计表"按钮，进入表结构设计界面。在下方显示的字段列表中，单击需要修改数据类型的字段"类型"列的下拉菜单按钮，在弹出的下拉菜单中选择合适的数据类型，如图 3-4 所示。

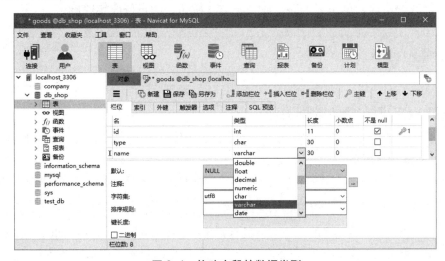

图 3-4　修改字段的数据类型

3. 修改字段名

在需要修改字段名的字段"名"列中单击并重新输入名称即可。

4. 在指定位置添加字段

选中指定字段，然后单击"插入栏位"按钮，可在指定字段之前创建一个空白字段，填写字段信息即可，如图 3-5 所示。

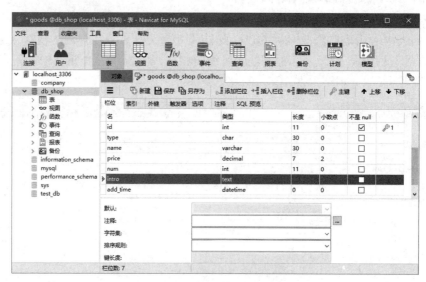

图 3-5　在指定位置添加字段

5. 删除字段

选中需要删除的字段，单击"删除栏位"按钮，然后单击提示框中的"删除"按钮即可删除字段。此处将 state 和 intro 字段删除。

6. 修改字段的排列位置

选中需要修改的字段，单击"上移"或"下移"按钮，即可修改字段顺序。

3.4　删除表

3.4.1　使用 SQL 语句删除数据表

删除数据表会将表的定义和表中的数据全部删除，因此，用户最好反复确认后再执行此操作。

1. 删除没有被关联的表

使用 DROP 关键字可以一次性删除一个或多个没有被其他表关联的表，语法形式如下：

```
DROP TABLE [IF EXISTS] table_name1,table_name2,…,table_namen;
```

注意：如果删除的数据表不存在，系统会提示错误信息并中断执行，加上"IF EXISTS"参数后，系统会在执行删除命令之前判断表是否存在，如果表不存在，命令仍可以顺利执行，但系统会提示警告。

【实例】3-14】执行 SQL 语句，删除 category 表和不存在的 tb_goods 表，并查看数据库中的所有表。

执行删除表语句，删除 category 表和 tb_goods 表，结果如下：

```
mysql> DROP TABLE IF EXISTS category,tb_goods;
Query OK, 0 rows affected, 1 warning (0.11 sec)
```

执行 SQL 语句，查看数据库中的表，结果如下：

```
mysql> SHOW TABLES;
+--------------------+
| Tables_in_db_shop  |
+--------------------+
| goods              |
| orders             |
+--------------------+
2 rows in set (0.00 sec)
```

2. 删除被其他表关联的主表

如果数据表之间存在外键关联，那么直接删除主表，系统会提示错误信息，这种情况下，可以先删除与它关联的从表，再删除主表。但有时需要保留从表中的数据，此时需解除主表和从表之间的关联，即删除从表中的外键约束。

删除外键约束的语法形式如下：

```
ALTER TABLE table_name DROP FOREIGN KEY key_name;
```

之前创建的 comment 表和 reply 表存在外键关联，如果直接删除 comment 表，系统会提示错误，如下所示：

```
mysql> DROP TABLE comment;
ERROR 1217 (23000): Cannot delete or update a parent row: a foreign key constraint fails
```

可以执行 SQL 语句先删除 reply 表中的外键，然后删除 comment 表，如下所示：

```
mysql> ALTER TABLE reply DROP FOREIGN KEY rep_com;
Query OK, 0 rows affected (0.07 sec)
Records: 0  Duplicates: 0  Warnings: 0
mysql> DROP TABLE comment;
Query OK, 0 rows affected (0.05 sec)
```

3.4.2 使用图形化工具删除数据表

1. 删除没有被关联的表

在数据表列表中选中需要删除的表，此处为 category 表，单击"删除表"按钮，然后单击提示框中的"删除"按钮，即可删除数据表，如图 3-6 所示。

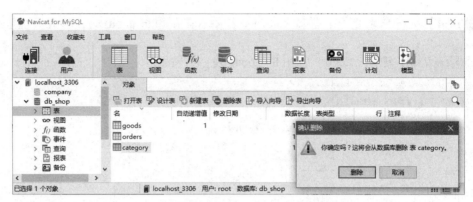

图 3-6　删除数据表

2. 删除被其他表关联的主表

选中从表 orders，单击"设计表"按钮，单击"外键"选项卡，选中外键，然后单击"删除外键"按钮，之后单击"保存"按钮，如图 3-7 所示。最后选中主表 goods，单击"删除表"按钮并确认，即可删除主表 goods。

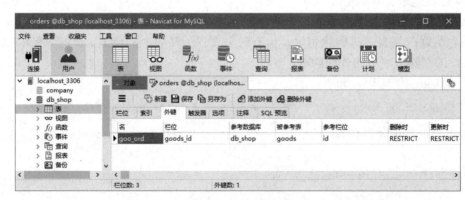

图 3-7　删除外键

3.5　检索记录表

3.5.1　SELECT 基本查询

查询数据是使用数据库的最基本也是最重要的方式。基本查询也称为简单查询，是指在查询的过程中只涉及到一个表的查询。

SELECT...FROM 查询语句的格式为：

```
SELECT [ALL | DISTINCT] <目标列表达式> [,<目标列表达式>]
FROM <表名或视图名>[,<表名或视图名>]
[WHERE <条件表达式>]
[GROUP BY <列名1> [HAVING <条件表达式>]]
[ORDER BY <列名2> [ASC | DESC]]
```

```
[LIMIT [start,] count];
```

在 SELECT 语句的结构中，除了 SELECT 子句是必不可少的之外，其他子句都是可选的。

【实例 3-15】计算 25 的平方根并输出 MySQL 的版本号，结果如图 3-8 所示。

```
SELECT SQRT(25),VERSION();
```

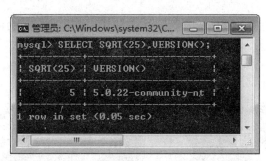

图 3-8　计算 25 的平方根并输出 MySQL 版本

1. 查询指定字段信息

在 SELECT 子句后面直接列出要显示的字段的列名，列名之间必须以逗号分隔。

【实例 3-16】检索 Users 表，查询所有会员的名称、性别和电话号码，结果如图 3-9 所示。

```
SELECT U_Name,U_Sex,U_Phone FROM Users;
```

如果在查询的过程中，要检索表或视图中的所有字段信息，可以在 SELECT 子句中使用通配符 "*"。

【实例 3-17】检索 Users 表，查询所有会员的基本资料。

```
SELECT * FROM Users;
```

定义别名可用以下方法：
- 通过"列名 列标题"形式；
- 通过"列名 AS 列标题"形式。

例 3-15 的语句可修改如下：

```
SELECT SQRT(25) 平方根,VERSION() as 版本号;
```

结果如图 3-10 所示。

图 3-9　查询会员名称、性别、电话号码

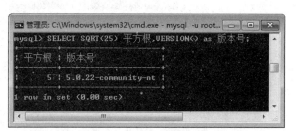

图 3-10　查询 25 的平方根及 MySQL 的版本

2. 关键字 DISTINCT 的使用

ALL 关键字表示将会显示所有检索的数据行，包括重复的数据行；

DISTINCT 关键字表示仅仅显示不重复的数据行，对于重复的数据行，则只显示一次。

【实例 3-18】检索 Orders 表，查询订购了书籍的会员号，结果如图 3-11 所示。

```
SELECT U_ID FROM Orders;
```

如果希望在显示结果的时候去掉重复行，可以使用 DISTINCT 关键字，结果如图 3-12 所示。

```
SELECT DISTINCT U_ID FROM Orders;
```

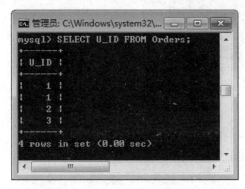 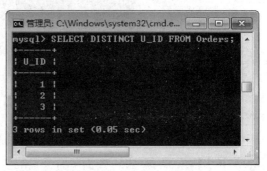

图 3-11　查询订购了书籍的会员号　　　　图 3-12　去掉重复行

3. ORDER BY 子句的使用

ORDER BY 子句是根据查询结果中的一个字段或多个字段对查询结果进行排序。默认的情况下按升序排列。

【实例 3-19】检索 BookInfo 表，按图书出版的日期降序进行排序，结果如图 3-13 所示。

```
SELECT B_ID,B_Name, B_Date FROM BookInfo
ORDER BY B_Date DESC;
```

图 3-13　使用 ORDER BY 子句进行排序

【实例 3-20】检索 BookInfo 表，按图书类别的升序及图书出版日期的降序进行排序，结果如图 3-14 所示。

```
SELECT BT_ID,B_Name, B_Date FROM BookInfo
ORDER BY BT_ID,B_Date DESC;
```

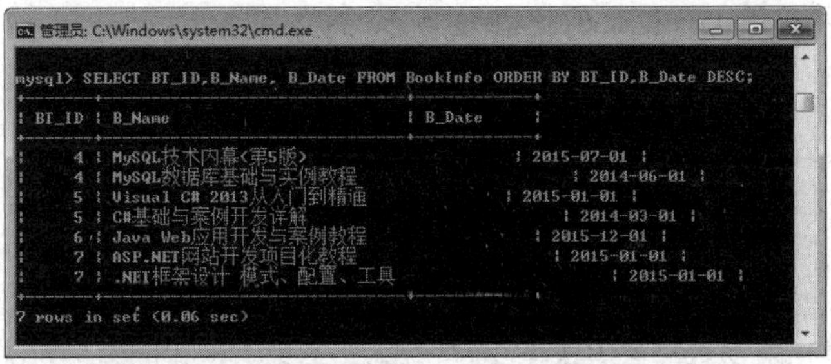

图 3-14 使用 ORDER BY 子句同时进行升降序

4. LIMIT 子句的使用

LIMIT 子句的用途是从结果集中进一步选取指定数量的数据行,其基本语法格式如下:

```
LIMIT [start,] count
```

例如,LIMIT 5 表示返回结果集中的前 5 行记录,LIMIT 10,20 表示从结果集的第 11 行记录开始返回 20 行记录。

【实例3-21】检索 BookInfo 表,按图书编号查询前 5 本图书的信息,结果如图 3-15 所示。

```
SELECT B_ID,B_Name FROM BookInfo
ORDER BY B_ID LIMIT 5;
```

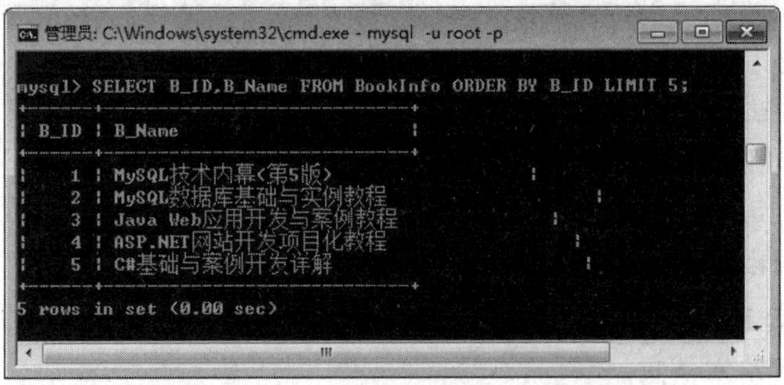

图 3-15 使用 ORDER BY 子句进行查询

【实例3-22】检索 BookInfo 表,按图书编号检索从第 3 条记录开始的 2 条记录的信息,结果如图 3-16 所示。

```
SELECT B_ID,B_Name FROM BookInfo
ORDER BY B_ID LIMIT 2,2;
```

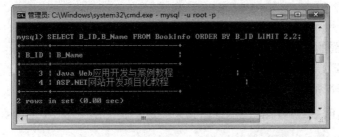

图 3-16 使用 ORDER BY 子句从指定行开始检索

注意：在结果集中，第 1 行记录的 start 值为 0，而不是 1。

3.5.2 条件查询

1. 使用关系表达式查询

关系表达式是指在表达式中含有关系运算符。

常见的关系运算符有：=（等于）、>（大于）、<（小于）、>=（大于等于）、<=（小于等于）、!=（不等于）、和 <>（不等于）。

如果在 WHERE 子句中含有关系表达式，则只有满足关系表达式的数据行才会被显示到结果集中。

【实例3-23】检索 BookInfo 表，查询会员价大于 40 元的图书信息，结果如图 3-17 所示。

```
SELECT B_ID,B_Name, B_SalePrice FROM BookInfo
WHERE B_SalePrice>40;
```

图 3-17 使用关系表达式查询

2. 使用逻辑表达式查询

常用的逻辑运算符有 AND、OR 和 NOT。

当一个 WHERE 子句同时包括若干个逻辑运算符时，其优先级从高到低依次为 NOT、AND、OR。如果想改变优先级，可以使用括号。

【实例3-24】检索 BookInfo 表，查询"清华大学出版社"出版的书名为"ASP.NET 网站开发项目化教程"的图书的基本信息。

```
SELECT B_Name,B_Author,B_Publisher
FROM BookInfo
WHERE B_Name='ASP.NET 网站开发项目化教程' AND B_Publisher='清华大学出版社';
```

【实例3-25】检索 BookInfo 表，查询图书的会员价格在 20 元到 40 元之间的图书信息。

```
SELECT B_ID,B_Name, B_SalePrice
FROM BookInfo
WHERE B_SalePrice>=20 AND B_SalePrice<=40;
```

3. 设置取值范围的查询

关键词 BETWEEN...AND 和 NOT BETWEEN...AND 可以用来设置查询条件。

其中，BETWEEN 后面是范围的下限，AND 后面是范围的上限。

【实例3-26】使用 BETWEEN...AND 语句来完成检索价格介于 20 元到 40 元的图书。

```
SELECT B_ID,B_Name, B_SalePrice
```

```
FROM BookInfo
WHERE B_SalePrice BETWEEN 20 AND 40;
```

4. 空值查询

NULL 是特殊的值，代表无值，与 0、空字符串或仅仅包含空格都不相同。

在涉及空值的查询中，可以使用 IS NULL 或者 IS NOT NULL 来设置这种查询条件。

【实例3-27】在 Users 表中新增一条记录，只输入会员名为"baip"和密码为"654321"，然后检索 Users 表，查询电话号码为空的会员编号和会员名称。

```
SELECT U_ID,U_Name
FROM Users
WHERE U_Phone IS NULL;
```

5. 模糊查询

通常在查询字符数据时，提供的查询条件并不是十分的精确。

查询条件仅仅是包含或类似某种样式的字符，这种查询称为模糊查询。

要实现模糊查询，必须使用通配符，利用通配符可以创建和特定字符串进行比较搜索模式。

SQL 支持如下通配符：

- %：代表任意多个字符。
- _（下划线）：代表任意的一个字符。

如果查询条件中使用了通配符，则操作符必须使用 LIKE 关键字。

LIKE 关键字用于搜索与特定字符串相匹配的字符数据，其基本的语法形式为：

```
[NOT] LIKE <匹配字符串>
```

【实例3-28】检索 BookInfo 表，查询所有 MySQL 相关书籍的名称、出版社和会员价格。

```
SELECT B_Name,B_Publisher,B_SalePrice
FROM BookInfo
WHERE  B_Name LIKE '%MySQL%';
```

【实例3-29】检索 BookInfo 表，查询所有的第 2 个字为"国"的作者所写图书的书名、作者和出版社信息。

```
SELECT B_Name,B_Author,B_Publisher
FROM BookInfo
WHERE B_Author LIKE '_国%';
```

如果要查询的字符串本身就含有通配符，此时就需要用 ESCAPE 关键字，对通配符进行转义。

例如，在 Users 表中添加一条记录：会员名为"yiyi_2016"，密码为"123456"。现要查询会员名中含有"_"的会员信息，可以使用如下的语句：

```
SELECT * FROM Users WHERE U_Name LIKE '%/_%' ESCAPE '/';
```

3.5.3 分组查询

如果要在数据检索时对表中数据按照一定条件进行分组汇总或求平均值，就要在 SELECT 语句中与 GROUP BY 子句一起使用聚合函数。常用的聚合函数如表 3-6 所示。

表 3-6 常用的聚合函数

聚合函数	说明	聚合函数	说明
SUM()	返回某列所有值的总和	MIN()	返回某列的最小值
AVG()	返回某列的平均值	COUNT()	返回某列的行数
MAX()	返回某列的最大值	—	—

例如，要统计 Users 表中会员的数量，可以使用 COUNT(*)，计算出来的结果就是查询所选取到的行数，语句如下：

```
SELECT COUNT(*) FROM Users;
```

只统计填写电话号码的会员个数：

```
SELECT COUNT(U_Phone) FROM Users;
```

注意：聚合函数忽略列值为 NULL 的行。

1. GROUP BY 子句

分组是通过 GROUP BY 子句来实现的，其基本语法格式如下：

```
GROUP BY <列名>
```

【实例3-30】检索 BookInfo 表，查询每个出版社出版的图书的数量。

```
SELECT B_Publisher ,COUNT(*) AS 总数
FROM BookInfo
GROUP BY B_Publisher;
```

【实例3-31】检索 BookInfo 表，查询每个出版社图书的最高价格和最低价格。

```
SELECT  B_Publisher,MAX(B_MarketPrice) AS 最高价格,MIN(B_MarketPrice) AS 最低价格
FROM BookInfo
GROUP BY B_Publisher;
```

2. HAVING 子句

如果分组以后要求按一定条件对这些组进行筛选，则需要使用 HAVING 子句指定筛选条件。HAVING 子句必须和 GROUP BY 子句同时使用。

【实例3-32】检索 BookInfo 表，查询出版图书在 2 本及 2 本以上的出版社信息。

```
SELECT B_Publisher ,COUNT(*) AS 总数
FROM BookInfo
GROUP BY B_Publisher
HAVING COUNT(*)>=2;
```

【实例3-33】检索 BookInfo 表,查询出版了 2 本及 2 本以上并且价格大于等于 50 元的图书信息。

```
SELECT B_Publisher ,COUNT(*) AS 总数
FROM BookInfo
WHERE B_MarketPrice>=50
GROUP BY B_Publisher
```

```
HAVING COUNT(*)>=2;
```

HAVING 子句和 WHERE 子句都是设置查询条件,但两个子句的作用对象不同。

WHERE 子句作用的对象是基本表或视图,从中选出满足条件的记录;而 HAVING 子句的作用的对象是组,从中选出满足条件的分组。

WHERE 在数据分组之前进行过滤,而 HAVING 在数据分组之后进行过滤。

3.5.4 表的连接

多表连接的语法格式如下:

```
SELECT <查询列表>
FROM <表名1> [连接类型] JOIN <表名2> ON <连接条件>
WHERE <查询条件>;
```

其中,连接类型有 3 种:内连接(INNERJOIN)、外连接(OUTERJOIN)和交叉连接(CROSS JOIN)。

用来连接两个表的条件称为连接条件,通常是通过匹配多个表中的公共字段来实现的。

1. 内连接

内连接是从两个或两个以上的表的组合中,挑选出符合连接条件的数据。

内连接是最常用的连接类型,也是默认的连接类型。

在 FROM 子句中使用 INNER JOIN(INNER 关键字可以省略)来实现内连接。

【实例3-34】检索 BookInfo 和 BookType 表,查询每本图书所属的图书类别。

```
SELECT B_Name, BookInfo.BT_ID, BT_Name
FROM BookInfo INNER JOIN BookType
ON BookInfo.BT_ID= BookType.BT_ID
ORDER BY BT_ID;
```

【实例3-35】检索 Users 和 Orders 表,查询订单总价超过 100 元的会员名、下单时间及订单总价。

```
SELECT U.U_Name,O.O_ID, O.O_Time, O.O_TotalPrice
FROM Users U INNER JOIN Orders O
ON U.U_ID = O.U_ID
WHERE O_TotalPrice>100;
```

【实例3-36】检索 OrderDetails、Orders 和 BookInfo 表,查询订单的下单时间及所购图书名。

```
SELECT OD.OD_ID,O.O_Time,BI.B_Name
FROM OrderDetails OD INNER JOIN Orders O INNER JOIN BookInfo BI
ON OD.O_ID = O.O_ID AND OD.B_ID=BI.B_ID;
```

2. 外连接

使用外连接时,以主表中每行的数据去匹配从表中的数据行,如果符合连接条件则返回到结果集中;如果没有找到匹配行,则主表的行仍然保留,并且返回到结果集中,相应的从表中的数据行被填上 NULL 值后也返回到结果集中。

外连接有 3 种类型,分别是左外连接(LEFT OUTER JOIN)、右外连接(RIGHT OUTER JOIN)和全外连接(FULL OUTER JOIN)。

MySQL 暂不支持全外连接。

1）左外连接

左外连接的结果集中包含左表（JOIN 关键字左边的表）中所有的记录，如果右表中没有满足连接条件的记录，则结果集中右表中的相应行数据填充为 NULL。

【实例3-37】以左外连接方式查询所有会员的订书情况，在结果集中显示会员编号、会员名称、订单产生时间及订单总价，并按会员编号排序。

```
SELECT U.U_ID,U.U_Name, O.O_Time,O.O_TotalPrice
FROM Users U LEFT OUTER JOIN Orders O
ON U.U_ID = O.U_ID
ORDER BY U_ID;
```

2）右外连接

右外连接的结果集中包含满足连接条件的所有数据和右表（JOIN 关键字右边的表）中不满足条件的数据，左表中的相应行数据为 NULL。

【实例3-38】以右外连接方式查询所有订单的详细情况，在结果集中显示订单详情号、订单产生时间、订单总价及图书名。

```
SELECT OD.OD_ID,OD_Number,BI.B_ID,BI.B_Name
FROM OrderDetails OD RIGHT OUTER JOIN BookInfo BI
ON OD.B_ID = BI.B_ID;
```

3）自连接

在同一个表中进行的连接被称为自连接。对一个表使用自连接时，可以看作是这张表的两个副本之间进行的连接，必须为该表指定两个别名。

【实例3-39】在图书类别表 BookType 中，查询每种图书类别和它的子类别。

```
SELECT BT1.BT_Name,BT2. BT_Name
FROM BookType BT1 INNER JOIN BookType BT2
ON BT1.BT_ID=BT2.BT_FatherID;
```

【实例3-40】要查询 BookInfo 表中高于"C# 基础与案例开发详解"会员价格的图书号、图书名称和图书会员价格，查询后的结果集要求按会员价格降序排列。

```
SELECT B2.B_ID,B2.B_Name,B2.B_SalePrice
FROM BookInfo B1 INNER JOIN BookInfo B2
ON B1.B_Name='C# 基础与案例开发详解 ' AND B1.B_SalePrice<B2.B_SalePrice
ORDER BY B2.B_SalePrice DESC;
```

4）交叉连接

使用交叉连接查询，如果不带 WHERE 子句时，则返回的结果是被连接的两个表的笛卡儿积；如果交叉连接带有 WHERE 子句时，则返回结果为连接两个表的笛卡儿积减去 WHERE 子句所限定而省略的行数。交叉连接使用 CROSSJOIN 关键字。

【实例3-41】在 Orders 表和 OrderDetails 表中使用交叉连接。

```
SELECT O.O_ID,OD.OD_ID
FROM Orders O CROSS JOIN OrderDetails OD;
```

3.5.5 子查询

子查询是指在一个外层查询中包含另一个内层查询，即在一个 SELECT 语句中的 WHERE 子句中，包含有另一个 SELECT 语句。

外层的 SELECT 语句称为主查询，WHERE 子句中包含的 SELECT 语句称为子查询。

一般将子查询的查询结果作为主查询的查询条件。

1. 返回单行的子查询
- 返回单行的子查询是指子查询的查询结果只返回一个值，并将这个返回值作为父查询的条件，在父查询中进一步查询。
- 在 WHERE 子句中可以使用比较运算符来连接子查询。

【实例3-42】查询订购了"ASP.NET 网站开发项目化教程"图书的订单详情号、订购数量及图书总价。

```
SELECT OD_ID,OD_Number,OD_Price
FROM OrderDetails
WHERE B_ID=
(SELECT B_ID FROM BookInfo WHERE B_Name='ASP.NET 网站开发项目化教程');
```

2. 返回多行的子查询
- 返回多行的子查询就是子查询的查询结果中包含多行数据。
- 返回多行的子查询经常与 IN、EXIST、ALL、ANY 和 SOME 关键字一起使用。

1) 使用 IN 关键字

其语法格式为：

```
WHERE <表达式> [NOT] IN (<子查询>)
```

【实例3-43】查询订单总价小于 50 元的会员信息。

```
SELECT U_ID,U_Name,U_Phone
FROM Users
WHERE U_ID IN
(SELECT U_ID FROM Orders WHERE O_TotalPrice<50);
```

2) 使用 EXISTS 关键字

其语法格式为：

```
WHERE [NOT] EXISTS (<子查询>)
```

- 使用 EXISTS 关键字的子查询并不返回任何数据，只返回逻辑真和逻辑假；
- 在使用 EXISTS 时，子查询通常将 "*" 作为输出列表。

【实例3-44】查询订购了图书的会员信息。

```
SELECT U.U_ID,U.U_Name,U.U_Sex
FROM Users U
```

```
WHERE EXISTS
(SELECT * FROM Orders O WHERE O.U_ID=U.U_ID);
```

3) 使用 ALL、ANY 和 SOME 关键字

其语法格式为：

```
WHERE <表达式> <比较运算符> [ALL| ANY|SOME] (<子查询>)
```

- ANY 关键字表示任何一个（其中之一），只要与子查询中一个值相符合即可。
- ALL 关键字表示所有（全部），要求与子查询中的所有值相符合；SOME 同 ANY 是同义词。

【实例3-45】查询订购了图书编号大于 3 的订单编号及收货人的姓名、地址、邮编。

```
SELECT O_ID,O_UserName,O_Address,O_PostCode
FROM Orders
WHERE O_ID >ANY
(SELECT O_ID FROM OrderDetails WHERE B_ID>3);
```

3. 子查询与数据更新

1) 子查询与 INSERT 语句

其语法格式为：

```
INSERT INTO <表名> [<列名>]
<子查询>
```

- 要插入数据的表必须已经存在。
- 要插入数据的表结构必须和子查询语句的结果集结构相兼容。

【实例3-46】查询每一类图书会员价格的平均价格，并将结果保存到新表 AvgPrice 中。

（1）创建新表 AvgPrice。

```
CREATE TABLE AvgPrice(B_ID int,Avg_Price float);
```

（2）将查询结果插入新表 AvgPrice 中。

```
INSERT INTO AvgPrice
SELECT BT_ID,AVG(B_SalePrice)FROM BookInfo GROUP BY BT_ID ;
```

（3）查看 AvgPrice 表中记录。

```
SELECT * FROM AvgPrice;
```

2) 子查询与 UPDATE 语句

【实例3-47】将 BookInfo 表中"MySQL"类别图书的会员价格修改为市场价格的 70%。

```
UPDATE BookInfo SET B_SalePrice=B_MarketPrice*0.7
WHERE 'MySQL'=
(SELECT BT_Name FROM BookType WHERE BookInfo.BT_ID=BookType.BT_ID);
```

3) 子查询与 DELETE 语句

【实例3-48】删除 BookInfo 表中"Java"类别图书基本信息。

```
DELETE FROM BookInfo
```

```
WHERE 'Java'=
(SELECT BT_Name FROM BookType WHERE BookInfo.BT_ID=BookType.BT_ID);
```

3.5.6 联合查询

联合查询是指合并两个或多个查询语句的结果集。其语法格式为：

```
SELECT 语句 1
UNION [ALL]
SELECT 语句 2
```

ALL 选项表示保留结果集中的重复记录，默认时系统自动删除重复记录。

【实例3-49】查询会员表中会员联系方式及订单表中的会员联系方式。

```
SELECT U_Name,U_Phone
FROM Users
UNION ALL
SELECT O_UserName,O_Phone
FROM Orders;
```

【实例3-50】查询会员表中会员编号、会员名称及电话号码，要求列名以汉字标题显示。

```
SELECT U_ID 会员编号,U_Name 会员名称,U_Phone 电话号码
FROM Users;
```

【实例3-51】查询价格最高的图书信息。

```
SELECT B_ID,B_Name,B_MarketPrice
FROM BookInfo
ORDER BY B_MarketPrice DESC
LIMIT 1;
```

【实例3-52】统计每本图书的销量信息。

```
SELECT BI.B_ID,BI.B_Name,SUM(OD.OD_Number) 销量
FROM BookInfo BI LEFT JOIN OrderDetails OD
ON BI.B_ID=OD.B_ID
GROUP BY OD.B_ID
ORDER BY B_ID;
```

【实例3-53】查询销量为 0 的图书信息。

```
SELECT B_ID,B_Name
FROM BookInfo BI
WHERE NOT EXISTS
(SELECT * FROM OrderDetails OD WHERE OD.B_ID=BI.B_ID);
```

【实例3-54】查询 linli 所购图书的信息。

```
SELECT BI.B_ID,BI.B_Name
```

```
FROM BookInfo BI INNER JOIN OrderDetails OD
ON BI.B_ID=OD.B_ID
WHERE OD.O_ID IN
(SELECT O.O_ID FROM Orders O INNER JOIN Users U
ON O.U_ID=U.U_ID
WHERE U.U_Name='linli');
```

3.6 综合案例——学生选课系统综合查询

(1) 查询以"'数据_'"开头,且倒数第 3 个字符为"'结'"的课程的详细情况。

```
select*
from course
where Cname like '数据\_%结_'escape'\';
```

(2) 查询名字中第 2 个字为"阳"的学生姓名和学号及选修的课程号、课程名。

```
select sname 姓名,student.sno 学号,course.cno 课程号,course.cname 课程名
from student,course,sc
where student.sno=sc.sno and sc.cno=course.cno and sname like'_阳%';
```

(3) 列出选修了"数学"或者"大学英语"的学生学号、姓名、所在院系、选修课程号及成绩。

```
select student.sno,sname,sdept,cno,grade
from student,sc
where student.sno=sc.sno and cno IN(select cno from course where cname='数学'OR
CNAME='大学英语');
```

(4) 查询缺少成绩的所有学生的详细情况。

```
select*
from student
where not exists(select*
from sc
where sno=student.sno and grade is not null);
select*
from student
where sno in(
select sno
from sc
where grade is null);
```

(5) 查询与"张力"(假设姓名唯一)年龄不同的所有学生的信息。

```
select b.*
from student a,student b
where a.sname='张力'and a.sage<>b.sage;
```

(6) 查询所选课程的平均成绩大于张力的平均成绩的学生学号、姓名及平均成绩。

```
select student.sno,sname,平均成绩=avg(grade)
```

```
from student,sc
where sc.sno=student.sno
group by student.sno,sname
having avg(grade)>(
select avg(grade)
from sc
where sno=(
select sno
from student
where sname='张力'));
```

(7) 按照"学号，姓名，所在院系，已修学分"的顺序列出学生学分的获得情况。其中已修学分为考试已经及格的课程学分之和。

```
select student.sno 学号,sname 姓名,sdept 院系,已修学分=sum(credit)
from student,course,sc
where student.sno=sc.sno and course.cno=sc.cno and grade>=60
group by student.sno,sname,sdept;
```

(8) 列出只选修一门课程的学生的学号、姓名、院系及成绩。

```
select student.sno 学号,sname 姓名,sdept 院系,grade
from student,sc
where student.sno=sc.sno and sc.sno in(
select sno
from sc
group by sno
having count(cno)=1);
```

(9) 查找选修了至少一门和张力选修课程一样的学生的学号、姓名及课程号。

```
select distinct student.*
from student
where sno in(
select sno
from sc
where cno in(
select cno
from course
where cname='数据库'or cname='数据结构'));
```

(10) 只选修"数据库"和"数据结构"两门课程的学生的基本信息。

```
select z.cno,z.cname,x.sno,x.sname,grade
from student x,sc y,course z
where x.sno=y.sno and y.cno=z.cno;
```

(11) 至少选修"数据库"或"数据结构"课程的学生的基本信息。

```
select *
```

```
from student,sc,course
where student.sno=sc.sno
and sc.cno=course.cno
and cname='数据库'or
cname='数据结构';
```

(12) 列出所有课程被选修的详细情况，包括课程号、课程名、学号、姓名及成绩。

```
select course.cno,course.cname,student.sno,student.sname,grade
from student,sc,course
where student.sno=sc.cno
and sc.cno=course.cno;
```

(13) 查询只被一名学生选修的课程的课程号、课程名。

```
select cno,cname
from course
where cno in
(select cno
from sc
group by cno
having count(sno)=1);
```

(14) 使用嵌套查询列出选修了"数据结构"课程的学生学号和姓名。

```
select sno,sname
from student
where sno in
(select sno
from sc
where cno in
(select cno
from course
where cname='数据结构'));
```

(15) 使用嵌套查询查询其他系中年龄小于CS系的某个学生的学生姓名、年龄和院系。

```
select sname,sage,sdept
from student
where sage<
(select max(sage)
from student
where sdept='cs'
and sdept<>'cs');
```

(16) 使用ANY、ALL查询，列出其他院系中比CS系所有学生年龄小的学生。

```
select sname,sage
from student
```

```
where sage<any
(select min(sage)
from student
where sdept='cs'
and sdept<>'cs')
select sname,sage
from student
where sage<all
(select sage
from student
where sdept='cs'
and sdept<>'cs');
```

(17) 分别使用连接查询和嵌套查询,列出与"张力"在一个院系的学生的信息。

```
select*
from student
where sdept=
(select sdept
from student
where sname='张力');
```

(18) 使用集合查询列出 CS 系的学生以及性别为女的学生名单。

```
select sname
from student
where sdept='cs'
union
select sname
from student
where ssex='女';
```

(19) 使用集合查询列出 CS 系的学生与年龄不大于 19 岁的学生的交集、差集。

```
select*
from student
where sdept='cs'
intersect
select*
from student
where sage<=19;
```

(20) 使用集合查询列出选修课程 1 的学生集合与选修课程 2 的学生集合的交集。

```
select sno
from sc
where cno='1'
intersect
```

```
select sno
from sc
where cno='2';
```

小 结

本章花了比较大的篇幅对数据表的各种操作进行了介绍，如创建数据表、查看数据表结构、修改数据表、删除数据表。通过本章的学习，读者能够熟练掌握数据表的基本概念，理解约束、默认和规则的含义并学会运用，能够在图形界面模式和命令行模式下熟练地完成有关数据表的常用操作。

经典习题

Customers 表结构如表 3-7 所示，按要求进行操作。

表 3-7 Customers 表结构

字段名	数据类型	主键	外键	非空	唯一	自增
Num	INT(10)	是	否	是	是	是
name	IVARCHAR(50)	否	否	是	否	否
contact	VARCHAR(5)	否	否	否	否	否
city	VARCHAR(50)	否	否	是	否	否
birth	DATETIME	否	否	否	是	否

1. 创建数据库 Market；
2. 创建数据表 customers，在 num 字段上添加主键约束和自增约束，在 birth 字段添加非空约束；
3. 将 contact 字段插入 birth 字段后面；
4. 将 contact 改名为 phone；
5. 增加 gender 字段，数据类型为 CHAR(1)；
6. 将表名改为 info_customers；
7. 删除字段 city；
8. 修改数据表的存储引擎为 MyISAM。

第 4 章

数据类型和运算符

数据库表由多列字段构成，每一个字段指定了不同的数据类型。指定字段的数据类型之后，也就决定了向字段插入的数据内容。例如，当要插入数值时，可以将它们存储为整数类型，也可以将它们存储为字符串类型，不同的数据类型决定了 MySQL 在存储它们时使用的方式，以及在使用它们时选择什么运算符号进行运算。本章将介绍 MySQL 中的数据类型和常见的运算符。

学习目标

- 熟悉常见数据类型的概念和区别
- 掌握如何选择数据类型
- 熟悉常见运算符的概念和区别
- 掌握综合案例中运算符的运用方法

数据类型和运算符

4.1 MySQL 基本数据类型

在创建表时，表中的每个字段都有数据类型，它用来指定数据的存储格式、约束和有效范围。选择合适的数据类型可以有效地节省存储空间，同时可以提升数据的计算性能。MySQL 提供了多种数据类型，主要包括数值类型（整数类型和小数类型）、字符串类型、日期时间类型、复合数据类型以及二进制类型。

4.1.1 整数类型

MySQL 中整数类型有：TINYINT、SMALLINT、MEDIUMINT、INT（INTEGER）和 BIGINT。如表 4-1 所示。

默认情况下，整数类型既可以表示正整数，也可以表示负整数。

如果只希望表示正整数则可以使用关键字 UNSIGNED。例如，将学生表中学生年龄字段定义为无符号整数，可以使用 SQL 语句“age tinyint unsigned”。

表 4-1　整数类型的字节数其取值范围

类　型	字 节 数	有符号数范围	无符号数范围
TINTINT	1 字节	–128 ~ +127	0 ~ 255
SMALLINY	2 字节	–32768 ~ +32767	0 ~ 65535
MEDIUMINT	3 字节	–8388608 ~ +388607	0 ~ 16777215
INT（INTEGER）	4 字节	–2147483648 ~ +388607	0 ~ 4294967295
BIGNT	8 字节	–923372036854775808 ~ +9223372036854775807	0 ~ 18446744073709551661

对于整数类型还可以指定其显示宽度，例如，int(8) 表示当数值宽度小于 8 位时在数字前面填满宽度。

如果在数字位数不够时需要用“0”填充时，则可以使用关键字“zerofill”。

但是在插入的整数位数大于指定的显示宽度时，将按照整数的实际值进行存储。

整数类型的定义及使用

（1）在数据库 type_test 中创建表 int_test，表中包括 2 个 int 类型字段 int_field1 和 int_field2，字段的显示宽度分别为 6 和 4，然后输出表结构。

SQL 语句为：

```
Create database type_test;
Use type_test;
Create table int_test(int_field1 int(6), int_field2 int(4));
Desc int_test;
```

SQL 语句运行结果如图 4-1 所示。

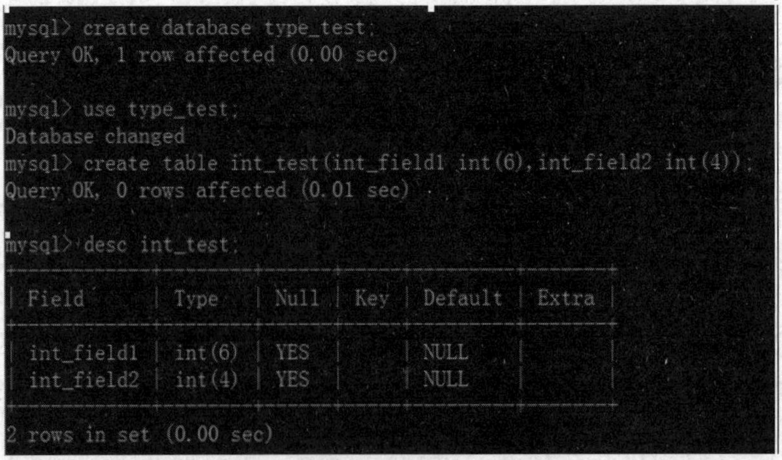

```
mysql> create database type_test;
Query OK, 1 row affected (0.00 sec)

mysql> use type_test;
Database changed
mysql> create table int_test(int_field1 int(6),int_field2 int(4));
Query OK, 0 rows affected (0.01 sec)

mysql> desc int_test;
+------------+--------+------+-----+---------+-------+
| Field      | Type   | Null | Key | Default | Extra |
+------------+--------+------+-----+---------+-------+
| int_field1 | int(6) | YES  |     | NULL    |       |
| int_field2 | int(4) | YES  |     | NULL    |       |
+------------+--------+------+-----+---------+-------+
2 rows in set (0.00 sec)
```

图 4-1　创建含有整型字段的表

（2）在上面 int_test 表中插入一条记录使得 2 个整数字段的值都为 5。

SQL 语句为：

```
insert into int_test values(5,5);
```

SQL 语句运行结果如图 4-2 所示。

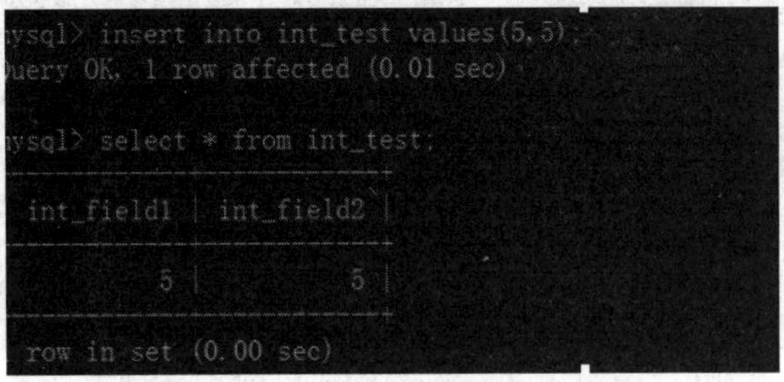

图 4-2 插入整数字段

(3) 将 int_test 表中 2 个字段的定义都加上关键字"zerofill"，然后再输出表中记录并查看结果。
SQL 语句为：

```
alter table int_test modify int_field1 int(6) zerofill;
alter table int_test modify int_field2 int(4) zerofill;
```

由于整数 5 的宽度小于字段的显示宽度 6 和 4，所以在 5 的前面用"0"来填充。SQL 语句运行结果如图 4-3 所示。

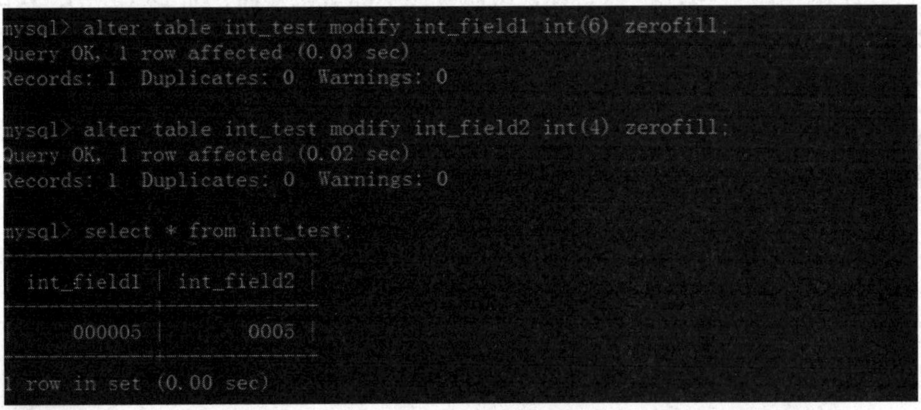

图 4-3 补充关键字

(4) 在上面 int_test 表中插入 1 条记录使得两个整数字段的值都为 123456789。
SQL 语句为：

```
insert into int_test values(123456789,123456789);
```

由于整数值 123456789 大于指定的显示宽度，所以按照整数的实际值进行存储。SQL 语句运行结果如图 4-4 所示。

- 整数类型还有一个属性：AUTO_INCREMENT。在需要产生唯一标识符或顺序值时，可以利用此属性，该属性只适用于整数类型。
- 一个表中最多只能有一个 AUTO_INCREMENT 字段，该字段应该为 NOT NULL，并且定义为 PRIMARY KEY 或 UNIQUE。
- AUTO_INCREMENT 字段值从 1 开始，每行记录其值增加 1。当插入 NULL 值到一个 AUTO_INCREMENT 字段时，插入的值为该字段中当前最大值加 1。

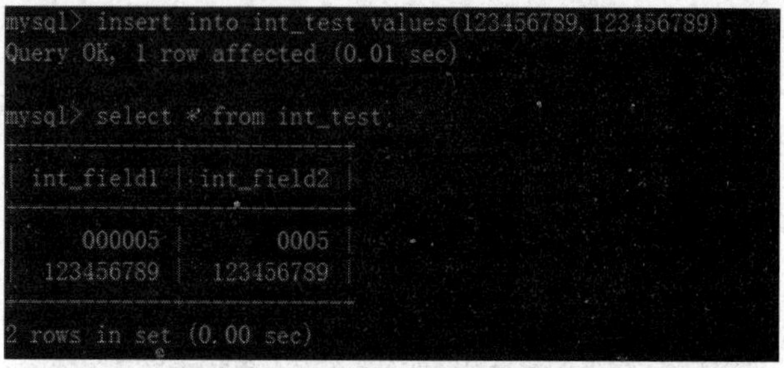

图 4-4　按照整数的实际值进行存储

4.1.2　小数类型

MySQL 中小数类型有两种：浮点数和定点数。浮点数包括单精度浮点数（FLOAT）和双精度浮点数（DOUBLE），定点数为 DECIMAL。

定点数在 MySQL 内部以字符串形式存放，比浮点数更精确，适合用来表示货币等精度高的数据。浮点数和定点数都可以在类型后面加上（M,D）来表示，M 表示该数值一共可显示 M 位数字，D 表示该数值小数点后的位数。当在类型后面指定（M,D）时，小数点后面的数值需要按照 D 来进行四舍五入。当不指定（M,D）时，浮点数将按照实际值来存储，而 DECIMAL 默认的整数位为 10，小数位为 0。

小数类型的定义及使用

（1）在数据库 type_test 中创建表 number_test，表中包括 3 个字段：float_field、double_field、decimal_field，字段的类型分别为 float、double 和 decimal，然后输出表结构。

SQL 语句为：

```
Create table number_test(float_field float,double_field double,
decimal_field decimal);
desc number_test;
```

SQL 语句运行结果如图 4-5 所示，从运行结果中可以看出 DECIMAL 默认的整数位为 10，小数位为 0。

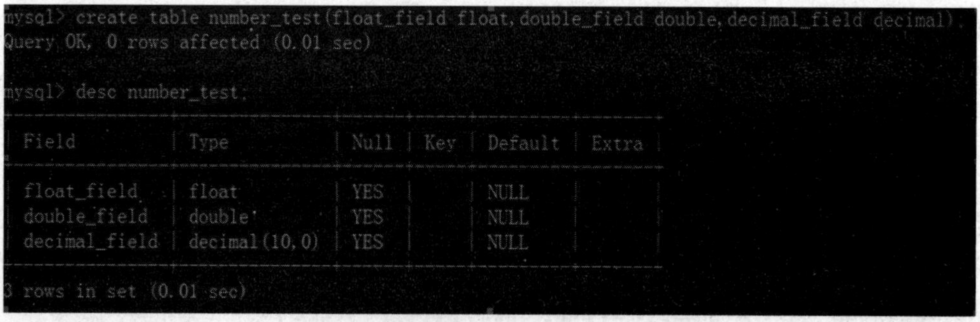

图 4-5　创建含有小数类型字段的表

（2）在上面 number_test 表中插入 2 条记录使得 3 个小数字段的值都为 1234.56789 和 1.234。

SQL 语句为：

```
insert into number_test values(1234.56789, 1234.56789, 1234.56789);
insert into number_test values(1.234, 1.234, 1.234);
```

由于 DECIMAL 类型默认为 DECIMAL(10,0)，所以插入 decimal_field 字段的值四舍五入到整数值后插入到表中。SQL 语句运行结果如图 4-6 所示。

```
mysql> insert into number_test values(1234.56789, 1234.56789, 1234.56789);
Query OK, 1 row affected, 1 warning (0.01 sec)

mysql> insert into number_test values(1.234, 1.234, 1.234);
Query OK, 1 row affected, 1 warning (0.00 sec)

mysql> select * from number_test;
+-------------+-------------+---------------+
| float_field | double_field | decimal_field |
+-------------+-------------+---------------+
|     1234.57 |  1234.56789 |          1235 |
|       1.234 |       1.234 |             1 |
+-------------+-------------+---------------+
2 rows in set (0.00 sec)
```

图 4-6　插入小数字段

（3）将 number_test 表中的 3 个字段类型分别修改为 float(5,1)、double(5,1) 和 decimal(5,1)，并将记录输出。

SQL 语句为：

```
alter table number_test modify float_field float(5,1);
alter table number_test modify double_field double(5,1);
alter table number_test modify decimal_field decimal(5,1);
```

将表中的 3 个字段类型分别修改为 float(5,1)、double(5,1) 和 decimal(5,1) 后，数据在存储时将小数部分四舍五入并保留 1 位小数。SQL 语句运行结果如图 4-7 所示。

```
mysql> alter table number_test modify float_field float(5,1);
Query OK, 2 rows affected (0.04 sec)
Records: 2  Duplicates: 0  Warnings: 0

mysql> alter table number_test modify double_field double(5,1);
Query OK, 2 rows affected (0.03 sec)
Records: 2  Duplicates: 0  Warnings: 0

mysql> alter table number_test modify decimal_field decimal(5,1);
Query OK, 2 rows affected (0.03 sec)
Records: 2  Duplicates: 0  Warnings: 0

mysql> select * from number_test;
+-------------+--------------+---------------+
| float_field | double_field | decimal_field |
+-------------+--------------+---------------+
|      1234.6 |       1234.6 |        1235.0 |
|         1.2 |          1.2 |           1.0 |
+-------------+--------------+---------------+
2 rows in set (0.00 sec)
```

图 4-7　修改小数类型

4.1.3 字符串类型

MySQL 支持的字符串类型主要有：CHAR、VARCHAR、TINYTEXT、TEXT、MEDIUMTEXT 和 LONGTEXT。

CHAR 与 VARCHAR 都是用来保存 MySQL 中较短的字符串，二者的主要区别在于存储方式不同。

CHAR(n) 为定长字符串类型，n 的取值为 0～255；VARCHAR(n) 为变长字符串类型，n 的取值为 0～255（5.0.3 版本以前）或 0～65 535（5.0.3 版本以后）。CHAR(n) 类型的数据在存储时会删除尾部空格，而 VARCHAR(n) 在存储数据时则会保留尾部空格。

除了 VARCHAR(n) 是变长类型字符串外，TINYTEXT、TEXT、MEDIUMTEXT 和 LONGTEXT 类型也都是变长字符串类型。各种字符串类型及其存储长度范围如表 4-2 所示。

表 4-2 字符串类型及其存储长度范围

类型	存储长度范围
CHAR(n)	0～255
VARCHAR(n)	0～255（5.0.3 版本以前）或 0～65 535（5.0.3 版本以后）
TINYTEXT	0～255
TEXT	0～65 535
MEDIUMTEXT	0～16 777 215
LONGTEXT	0～4 294 967 295

CHAR(n) 与 VARCHAR(n) 类型的定义及使用

在数据库 type_test 中创建表 string_test，表中包括 2 个字段：char_field 和 varchar_field，字段的类型分别为 char(8) 和 varchar(8)，然后在这 2 个字段中都插入字符串"test "，并给这 2 个字段值再追加字符串"+"，显示追加后 2 个字段的值。

SQL 语句为：

```
create table string_test(char_field char(8),varchar_field varchar(8));
insert into string_test values('test    ','test    ');
select * from string_test;
update string_test set char_field=concat(char_field,'+'),varchar_field=concat(varchar_field,'+');
select * from string_test;
```

SQL 语句运行结果如图 4-8 所示。

从运行结果中可以看出 CHAR(n) 类型的数据在存储时会删除尾部空格，追加字符串"+"后新的字符串为"test+"；而 VARCHAR(n) 在存储数据时会保留尾部空格后再追加字符串"+"，所以新的字符串为"test   +"。

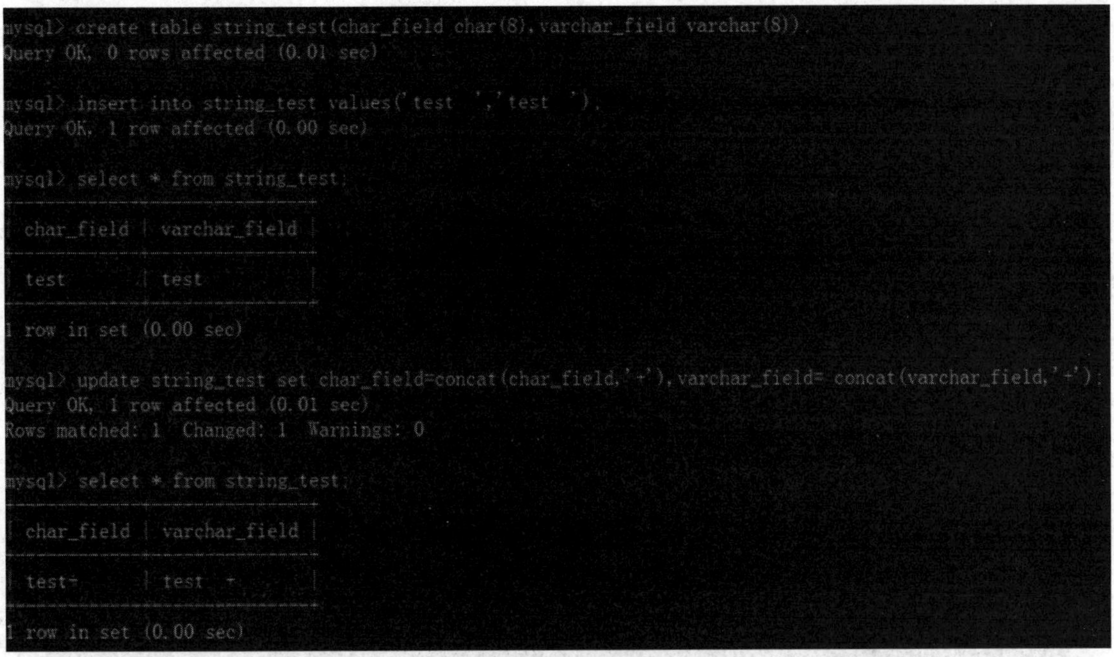

图 4-8 创建含有字符串类型字段的表

4.1.4 日期时间类型

日期时间类型包括：DATE、TIME、DATETIME、TIMESTAMP 和 YEAR。
- DATE 表示日期，默认格式为 YYYY-MM-DD；
- TIME 表示时间，默认格式为 HH:MM:SS；
- DATETIME 和 TIMESTAMP 表示日期和时间，默认格式为 YYYY-MM-DD HH:MM:SS；
- YEAR 表示年份。

日期时间类型及其表示范围如表 4-3 所示。

表 4-3 日期时间类型及其取值范围

类　型	最　小　值	最　大　值
DATE	1000-01-01	9999-12-31
TIME	-838:59:59	838:59:59
DATETIME	1000-01-01 00:00:00	9999-12-31 23:59:59
TIMESTAMP	1970-01-01 08:00:01	2037 年的某个时刻
YEAR	1901	2155

- 在 YEAR 类型中，年份值可以为 2 位或 4 位，默认为 4 位。
- 在 4 位格式中，允许值的范围为 1901—2155 年。在 2 位格式中，取值为 70—99 时，表示从 1970—1999 年；取值为 01～69 时，表示从 2001—2069 年。
- DATETIME 与 TIMESTAMP 都包括日期和时间两部分，但 TIMESTAMP 类型与时区相关，而 DATETIME 则与时区无关。
- 如果在一个表中定义了两个类型为 TIMESTAMP 的字段，则表中第一个类型为 TIMESTAMP

的字段其默认值为 CURRENT_TIMESTAMP，第二个 TIMESTAMP 字段的默认值为 0000-00-00 00:00:00。

日期时间类型的定义和使用

（1）在数据库 type_test 中创建表 year_test，在表中定义 year_field 字段为 YEAR 类型，在表中插入年份值 2155 和 69 并查看记录输出结果。

SQL 语句为：

```
create table year_test(year_field year);
insert into year_test values(2155);
insert into year_test values(69);
select * from year_test;
```

SQL 语句运行结果如图 4-9 所示。

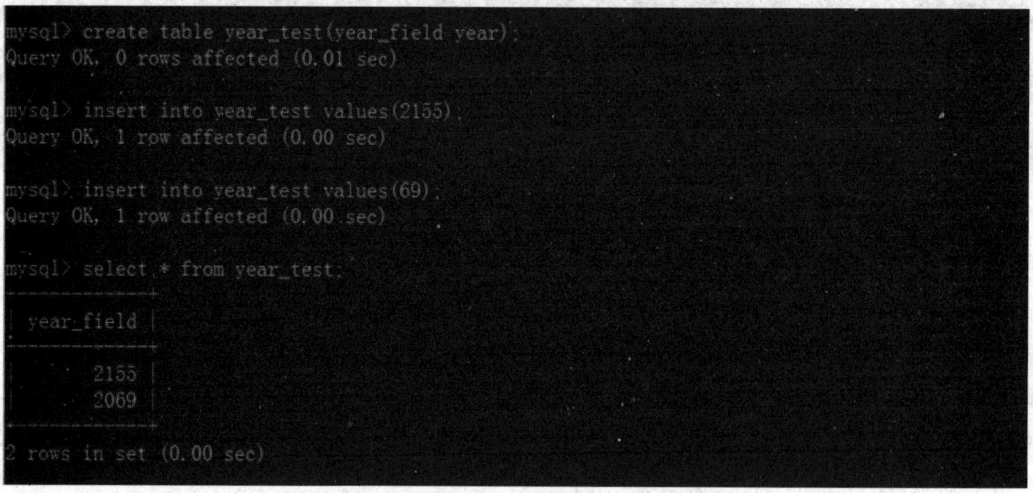

图 4-9 创建含有 YEAR 类型字段的表

（2）在数据库 type_test 中创建表 date_test，在表中定义 date_field 字段为 DATE 类型，在表中插入日期值 9999-12-31 和 1000-01-01 并查看记录输出结果。

SQL 语句为：

```
create table date_test(date_field date);
insert into date_test values("9999-12-31");
insert into date_test values('1000-01-01');
select * from date_test;
```

SQL 语句运行结果如图 4-10 所示。

（3）在数据库 type_test 中创建表 datetime_test，在表中定义 datetime_field 字段为 DATETIME 类型，timestamp_field1 和 timestamp_field2 字段为 TIMESTAMP 类型，并查看表结构。在表中插入 2 条记录，第 1 条所有字段值都为当前日期值，第 2 条记录只有第一个字段为当前日期值其他两个字段为空，然后查看记录输出结果。

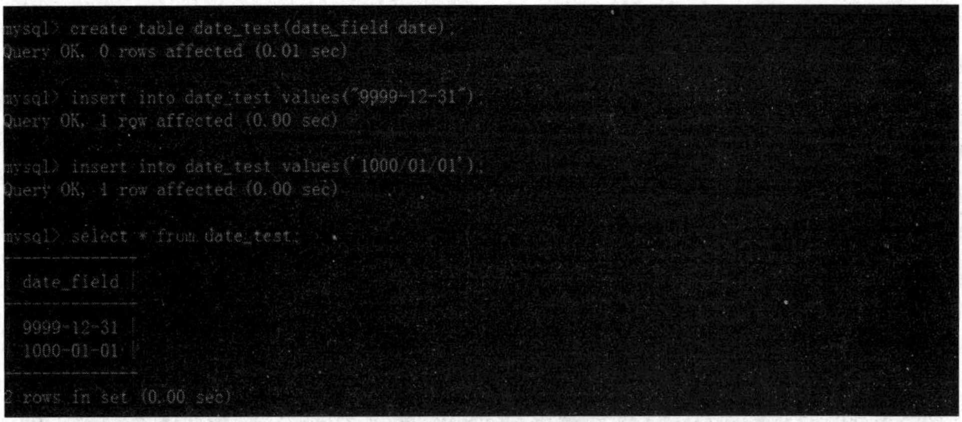

第 4 章 数据类型和运算符

图 4-10 创建含有 DATE 类型字段的表

SQL 语句为：

```
Create  table  datetime_test(datetime_field  datetime,timestamp_field1
timestamp,timestamp_field2 timestamp);
desc datetime_test;
insert into datetime_test values(now(),now(),now());
insert into datetime_test (datetime_field) values(now());
select * from datetime_test;
```

SQL 语句运行结果如图 4-11 所示。

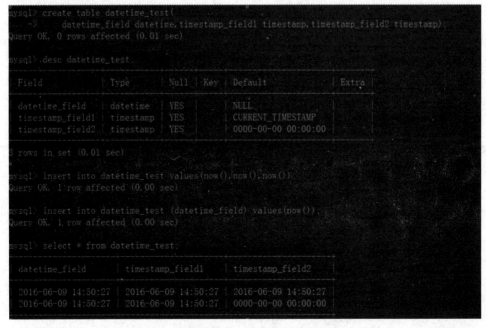

图 4-11 创建含有 TIMESTAMP 类型字段的表

从图 4-11 运行结果可以看出，表中第一个类型为 TIMESTAMP 字段的默认值为 CURRENT_TIMESTAMP，第二个类型为 TIMESTAMP 字段的默认值为 0000-00-00 00:00:00。

(4) 查看数据库服务器当前时区，并将当前时区修改为东十时区（+10:00），然后查看上面表中记录输出结果与时区的关系。

SQL 语句为：

```
show variables like 'time_zone';
set time_zone='+10:00';
select * from datetime_test;
```

SQL 语句运行结果如图 4-12 所示。

```
mysql> show variables like 'time_zone'
+---------------+--------+
| Variable_name | Value  |
+---------------+--------+
| time_zone     | SYSTEM |
+---------------+--------+
1 row in set (0.00 sec)

mysql> set time_zone='+10:00';
Query OK, 0 rows affected (0.01 sec)

mysql> select * from datetime_test;
+---------------------+---------------------+---------------------+
| datetime_field      | timestamp_field1    | timestamp_field2    |
+---------------------+---------------------+---------------------+
| 2016-06-09 14:50:27 | 2016-06-09 16:50:27 | 2016-06-09 16:50:27 |
| 2016-06-09 14:50:27 | 2016-06-09 16:50:27 | 0000-00-00 00:00:00 |
+---------------------+---------------------+---------------------+
2 rows in set (0.00 sec)
```

图 4-12　查看修改时区

从图 4-12 运行结果可以看出，当前的时区值为"SYSTEM"，这个"SYSTEM"值表示时区与主机的时区相同，实际值为东八时区（+8:00）。

将时区设置为东十时区后，对照图 4-11 可以发现，TIMESTAMP 类型值与时区相关，而 DATETIME 类型值则与时区无关。

4.1.5　复合数据类型

MySQL 中的复合数据类型包括 ENUM 枚举类型和 SET 集合类型。ENUM 枚举类型只允许从集合中取得某一个值，SET 集合类型允许从集合中取得多个值。ENUM 枚举类型的数据最多可以包含 65 535 个元素，SET 集合类型的数据最多可以包含 64 个元素。

复合数据类型的定义及使用

(1) 在数据库 type_test 中创建表 enum_test，在表中定义 sex 字段为 ENUM('男','女') 类型，在表中插入 3 条记录，其值分别为"男""女"和 NULL，然后查看记录输出结果。

SQL 语句为：

```
create table enum_test(sex enum('男','女'));
insert into enum_test values('女');
insert into enum_test values('男');
insert into enum_test values(NULL);
select * from enum_test;
```

SQL 语句运行结果如图 4-13 所示。

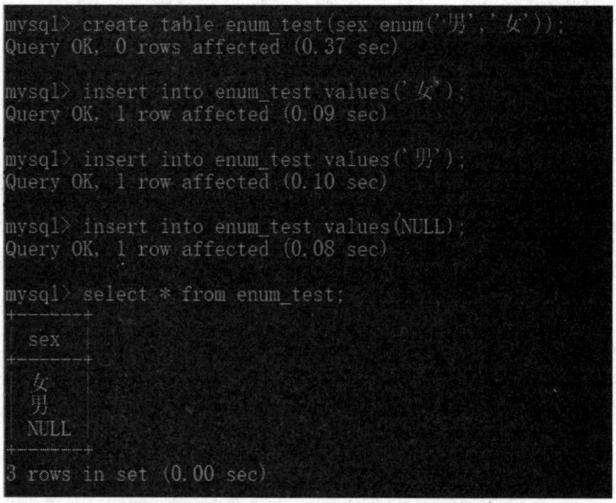

```
mysql> create table enum_test(sex enum('男','女'));
Query OK, 0 rows affected (0.37 sec)

mysql> insert into enum_test values('女');
Query OK, 1 row affected (0.09 sec)

mysql> insert into enum_test values('男');
Query OK, 1 row affected (0.10 sec)

mysql> insert into enum_test values(NULL);
Query OK, 1 row affected (0.08 sec)

mysql> select * from enum_test;
+------+
| sex  |
+------+
| 女   |
| 男   |
| NULL |
+------+
3 rows in set (0.00 sec)
```

图 4-13　定义 sex 字段为 ENUM

（2）在数据库 type_test 中创建表 set_test，在表中定义 hobby 字段为 set(' 旅游 ',' 听音乐 ',' 看电影 ',' 上网 ',' 购物 ') 类型，在表中插入 3 条记录，其值分别为“看电影”“听音乐”“上网”和 NULL，然后查看记录输出结果。

SQL 语句为：

```
create table set_test(hobby set(' 旅游 ',' 听音乐 ',' 看电影 ',' 上网 ',' 购物 '));
insert into set_test values(' 看电影 , 听音乐 ');
insert into set_test values(' 上网 ');
insert into set_test values(NULL);
select * from set_test;
```

SQL 语句运行结果如图 4-14 所示。

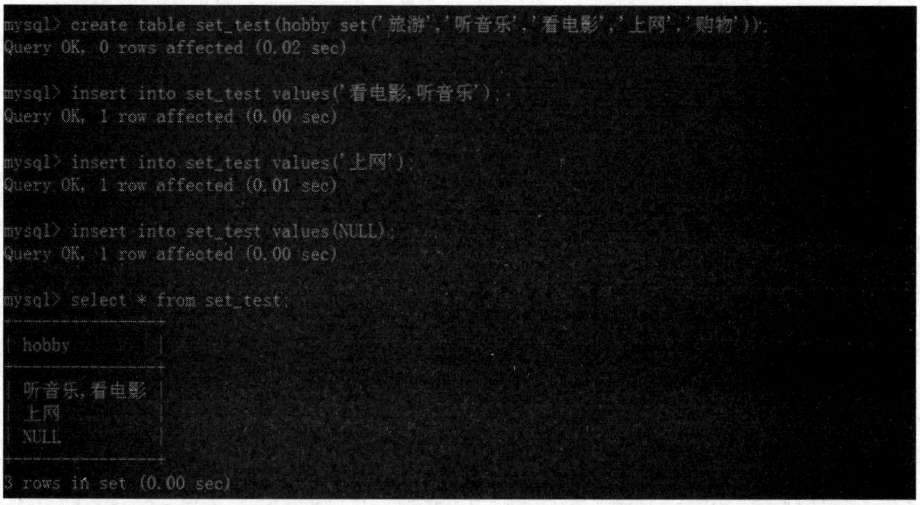

```
mysql> create table set_test(hobby set('旅游','听音乐','看电影','上网','购物'));
Query OK, 0 rows affected (0.02 sec)

mysql> insert into set_test values('看电影,听音乐');
Query OK, 1 row affected (0.00 sec)

mysql> insert into set_test values('上网');
Query OK, 1 row affected (0.01 sec)

mysql> insert into set_test values(NULL);
Query OK, 1 row affected (0.00 sec)

mysql> select * from set_test;
+---------------+
| hobby         |
+---------------+
| 听音乐,看电影 |
| 上网          |
| NULL          |
+---------------+
3 rows in set (0.00 sec)
```

图 4-14　定义 hobby 字段为 set(' 旅游 ',' 听音乐 ',' 看电影 ',' 上网 ',' 购物 ') 类型

4.1.6 二进制类型

MySQL 中的二进制类型包括 7 种：分别是 BINARY、VARBINARY、BIT、TINYBLOB、MEDIUMBLOB 和 LONGBLOB。BIT 数据类型按位为单位进行存储，而其他二进制类型的数据以字节为单位进行存储。各种二进制类型及其存储长度范围如表 4-4 所示。

表 4-4 二进制类型及其存储长度范围

类　　型	存储长度范围
BINARY(n)	0～255
VARBINARY(n)	0～65 535
BIT(n)	0～64
TINYBLOB	0～255
BLOB	0～65 535
MEDIUMBLOB	0～16 777 215
LONGBLOB	0～4 294 967 295

4.2 MySQL 运算符

4.2.1 算术运算符

在 MySQL 中的算术运算符包括加、减、乘、除和取余运算，这些算术运算符及其作用如表 4-5 所示。

表 4-5 MySQL 中算术运算符及其作用

运算符	说明
+	加法运算
-	减法运算
*	乘法运算
/	除法运算
%	取余运算

算术运算符的使用

在数据库 type_test 中创建表 arithmetic_test，表中字段 int_field 为 int 类型，往表中分别插入数值 34、123、1、0、NULL，对这些数值完成算术运算。

SQL 语句为：

```
create table arithmetic_test(int_field int);
insert into arithmetic_test values(34);
insert into arithmetic_test values(123);
insert into arithmetic_test values(1);
insert into arithmetic_test values(0);
insert into arithmetic_test values(NULL);
```

```
select   int_field,int_field+10,int_field-15,int_field*3,int_field/2,
int_field%3 from arithmetic_test;
```

SQL 语句运行结果如图 4-15 所示。

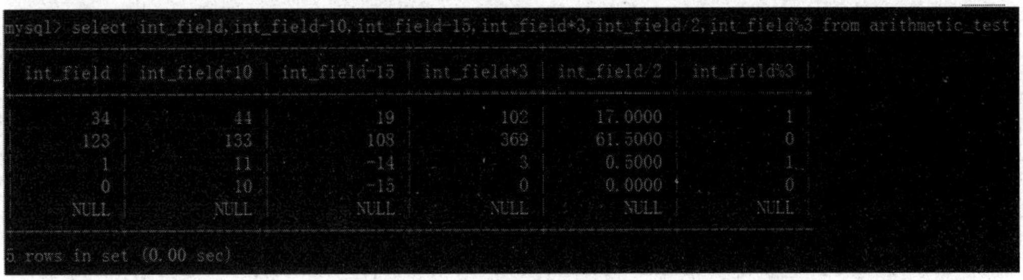

```
mysql> select int_field,int_field+10,int_field-15,int_field*3,int_field/2,int_field%3 from arithmetic_test;
+-----------+--------------+--------------+-------------+-------------+-------------+
| int_field | int_field+10 | int_field-15 | int_field*3 | int_field/2 | int_field%3 |
+-----------+--------------+--------------+-------------+-------------+-------------+
|        34 |           44 |           19 |         102 |     17.0000 |           1 |
|       123 |          133 |          108 |         369 |     61.5000 |           0 |
|         1 |           11 |          -14 |           3 |      0.5000 |           1 |
|         0 |           10 |          -15 |           0 |      0.0000 |           0 |
|      NULL |         NULL |         NULL |        NULL |        NULL |        NULL |
+-----------+--------------+--------------+-------------+-------------+-------------+
5 rows in set (0.00 sec)
```

图 4-15　算术运算结果

4.2.2　比较运算符

比较运算符是对表达式左右两边的操作数进行比较，如果比较结果为真则返回值为 1，为假则返回 0，当比较结果不确定时则返回 NULL。

MySQL 中各种比较运算符及其作用如表 4-6 所示。

表 4-6　MySQL 中比较运算符及其作用

运　算　符	说　明
=	等于
!= 或 <>	不等于
<=>	NULL 安全的等于
<	小于
<=	小于等于
>	大于
>=	大于等于
IS NULL	为 NULL
IS NOT NULL	不为 NULL
BETWEEN AND	在指定范围内
IN	在指定集合内
LIKE	通配符匹配
REGEXP	正则表达式匹配

比较运算符的使用

在数据库 type_test 中创建表 comparison_test，表中字段 int_field 为 int 类型，字段 varchar_field 为 varchar 类型。往表中插入的记录分别为 (17,'Mr Li') 和 (NULL,'Mrs Li')，对这些数值完成比较运算。

SQL 语句为：

```
create table comparison_test(int_field int,varchar_field varchar(10));
insert into comparison_test values(17,'Mr Li');
```

```
insert into comparison_test values(NULL,'Mrs Li');
select int_field,varchar_field,int_field=10,int_field<>17,int_field=NULL,
int_field<>NULL from comparison_test;
select   int_field,varchar_field,int_field=10,int_field<=>NULL,int_field<=17, int_field>=18 from comparison_test;
select int_field, varchar_field, int_field between 10 and 20,int_field in(10,17,20), int_field is null from comparison_test;
select int_field, varchar_field, varchar_field like '%Li',varchar_field regexp '^Mr', varchar_field regexp 'Li$' from comparison_test;
```

在上面 SQL 语句中，varchar_field like '%Li' 表示当 varchar_field 中的字符串以"Li"结尾时，则返回值为 1，否则返回值为 0。varchar_field regexp '^Mr' 表示当 varchar_field 中的字符串以"Mr"开头时，则返回值为 1，否则返回值为 0。varchar_field regexp 'Li$' 表示当 varchar_field 中的字符串以"Li"结尾时，则返回值为 1，否则返回值为 0。

SQL 语句运行结果如图 4-16 所示。

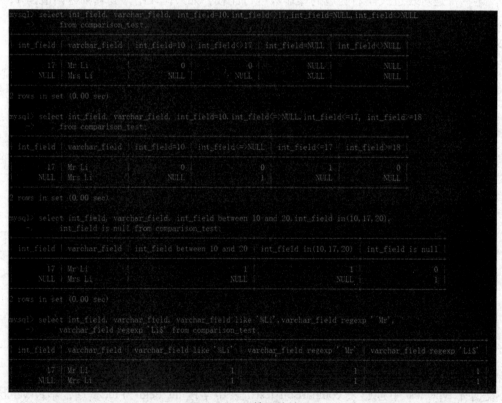

图 4-16　比较运算结果

4.2.3　逻辑运算符

逻辑运算符又称为布尔运算符，在 MySQL 中支持 4 种逻辑运算符：逻辑非（NOT 或！）、逻辑与（AND 或 &&）、逻辑或（OR 或 ||）和逻辑异或（XOR）。

- 逻辑非（NOT 或！）：当操作数为假时，则取非的结果为 1；否则结果为 0。NOT NULL 的返回值为 NULL。
- 逻辑与（AND 或 &&）：当操作数中有一个值为 NULL 时，则逻辑与操作结果为 NULL。当操作数不为 NULL，并且值为非零值时逻辑与操作结果为 1；否则有一个操作数为 0 时逻辑与结果为 0。
- 逻辑或（OR 或 ||）：当两个操作数均为非 NULL 值时，如果一个操作数为非 0 值，则逻辑或结果为 1；否则逻辑或结果为 0。当有一个操作数为 NULL 值时，如果另一个操作数为非 0 值，则逻辑或结果为 1；否则逻辑或结果为 0。如果两个操作都为 NULL 时，则逻辑或结果为 NULL。
- 逻辑异或（XOR）：当任意一个操作数为 NULL 时，逻辑异或的返回值为 NULL。对于非 NULL 操作数，如果两个操作数的逻辑真假值相异，则返回结果为 1；否则返回值为 0。

逻辑运算符的使用
SQL 语句为：

```
select (not 0),(not -5),(!null);
select (null and null),(null && 1),(-2 && -5),(1 and 0);
select (null or null),(null or 1),(null || 0),(-8 or 0);
select (null xor null),(null xor 1),(0 xor 0),(-8 xor 0),(1 xor 1);
```

SQL 语句的运行结果如图 4-17 所示。

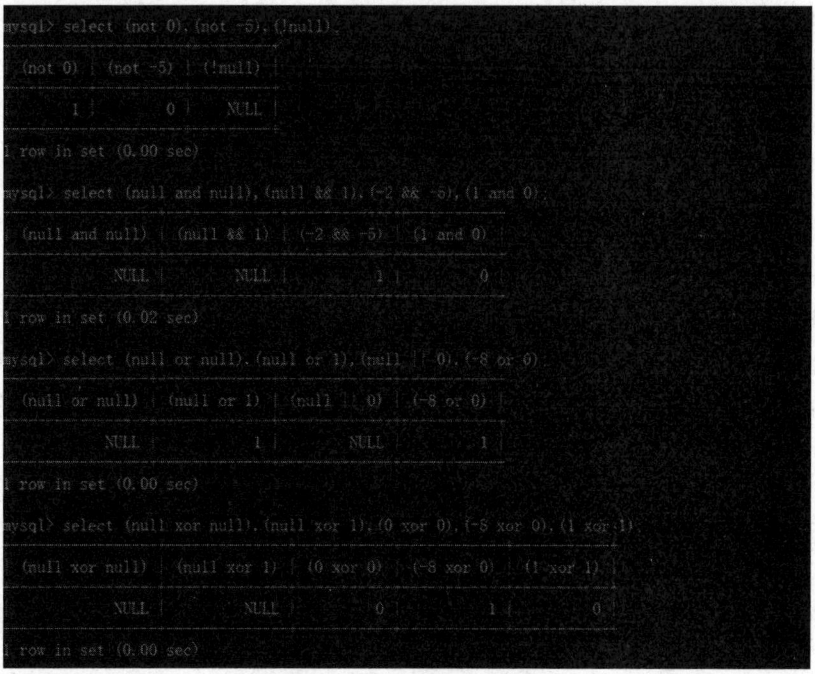

图 4-17 逻辑运算结果

4.2.4 位运算符

位运算是指对每一个二进制位进行的操作，它包括位逻辑运算和移位运算。在 MySQL 中位逻辑运算包括：按位与（&）、按位或（|）、按位取反（~）、按位异或（^）。操作数在进行位运算时，

是将操作数在内存中的二进制补码按位进行操作。
- 按位与（&）——如果两个操作数的二进制位同时为 1 时，则按位与（&）的结果为 1；否则按位与（&）的结果为 0。
- 按位或（|）——如果两个操作数的二进制位同时为 0 时，则按位或（|）的结果为 0；否则按位或（|）的结果为 1。
- 按位取反（~）——如果操作数的二进制位为 1 时，则按位取反（~）的结果为 0；否则按位取反（~）的结果为 1。
- 按位异或（^）——如果两个操作数的二进制位相同时，则按位异或（^）的结果为 0；否则按位异或（^）的结果为 1。

移位运算是指将整型数据向左或向右移动指定的位数，移位运算包括左移（<<）和右移（>>）。
- 左移（<<）——将整型数据在内存中的二进制补码向左移出指定的位数，向左移出的位数丢弃，右侧添 0 补位。
- 右移（>>）——将整型数据在内存中的二进制补码向右移出指定的位数，向右移出的位数丢弃，左侧添 0 补位。

位运算符的使用
SQL 语句为：

```
select 5&2,5|2,~(-5),2^3,5<<3,(-5)>>63;
```

SQL 语句的运行结果如图 4-18 所示。

图 4-18　位运算结果

4.2.5　运算符优先级

在一个表达式中往往有多种运算符，要先进行哪一种运算呢？这就涉及到运算符优先级的问题。优先级高的运算符先执行，优先级低的运算符后执行，同一优先级别的运算符则按照其结合性依次计算。MySQL 中各运算符的优先级如表 4-7 所示。

表 4-7　MySQL 中运算符的优先级

优 先 级	运 算 符
1	!
2	~, -
3	^
4	*, /, DIV, %, MOD
5	+, -
6	>>, <<
7	&
8	|

续 表

优先级	运算符
9	=、<=>、<、<=、>、>=、!=、<>、IS、IN、LIKE、REGEXP
10	BETWEEN、AND、CASE、WHEN、THEN、ELSE
11	NOT
12	&&、AND
13	||、OR、XOR
14	:=

默认情况下，MySQL 使用的字符集为 latin1（西欧 ISO_8859_1 字符集的别名）。由于 latin1 字符集是单字节编码，而汉字是双字节编码，由此可能导致 MySQL 数据库不支持中文字符查询或中文字符乱码等问题。为了避免此类问题，需要对字符集及字符排序规则进行设置。

4.3 字符集设置

4.3.1 MySQL 字符集与字符排序规则

给定一系列字符并赋予对应的编码后，所有这些字符和编码对组成的集合就是字符集（Character Set），MySQL 中提供了 latin1、utf8、gbk 和 big5 等多种字符集。

字符排序规则（Collation）是指在同一字符集内字符之间的比较规则，一个字符集可以包含多种字符排序规则，每个字符集会有一个默认的字符排序规则。

MySQL 中字符排序规则命名方法以字符排序规则对应的字符集开头，中间是国家或地区名（或 general），以 ci、cs 或 bin 结尾。以 ci 结尾的字符排序规则表示大小写不敏感；以 cs 结尾的字符排序规则表示大小写敏感；以 bin 结尾的字符排序规则表示按二进制编码值进行比较。

使用 MySQL 命令"show character set;"即可以查看当前 MySQL 服务实例支持的字符集、字符集的默认排序规则、字符集占用的最大字节长度等信息。

（1）使用 MySQL 命令"show variables like 'character%';"可以查看当前服务实例使用的字符集信息，如图 4-19 所示。

图 4-19 字符集信息

图 4-19 中各参数信息说明如下：
- character_set_client：MySQL 客户机的字符集，默认安装 MySQL 时，该值为 latin1；
- character_set_connection：数据通信链路的字符集，当 MySQL 客户机向服务器发送请求时，请求数据以该字符集进行编码。默认安装 MySQL 时，该值为 latin1；
- character_set_database：数据库字符集，默认安装 MySQL 时，该值为 latin1；
- character_set_filesystem：MySQL 服务器文件系统的字符集，该值固定为 binary；
- character_set_results：结果集的字符集，MySQL 服务器向 MySQL 客户机返回执行结果时，执行结果以该字符集进行编码。默认安装 MySQL 时，该值为 latin1；
- character_set_server：MySQL 服务实例字符集，默认安装 MySQL 时，该值为 latin1；
- character_set_system：元数据（字段名、表名、数据库名等）的字符集，默认值为 utf8。

（2）使用 MySQL 命令 "show variables like 'collation%';" 可以查看当前服务实例使用的字符排序规则，如图 4-20 所示。

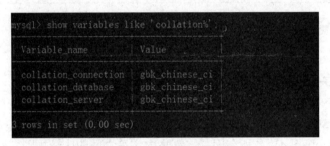

图 4-20 字符排序规则

4.3.2 MySQL 字符集的设置

当启动 MySQL 服务并生成服务实例后，MySQL 服务实例的字符集 character_set_server 将使用 my.ini 配置文件中 [mysqld] 选项组中 character_set_server 参数的值。character_set_client、character_set_connection 及 character_set_results 的字符值将使用 my.ini 配置文件中 [mysqld] 选项组中 default_character_set 参数的值。可以使用下面 4 种方法来修改 MySQL 的默认字符集。

1. 修改 my.ini 配置文件

将 my.ini 配置文件中 [mysqld] 选项组中 default_character_set 参数的值修改为 utf8 后，则 character_set_client、character_set_connection 及 character_set_results 的参数值都被修改为 utf8。将 my.ini 配置文件中 [mysqld] 选项组中 character_set_server 参数的值修改为 utf8 后，character_set_server 和 character_set_database 的参数值都被修改为 utf8。保存修改后的 my.ini 配置文件，重新启动 MySQL 服务器，这些字符集将在新的 MySQL 实例中生效。

2. 使用 set 命令设置相应的字符集

可以使用命令 "set character_set_database=utf8" 将数据库的字符集设置为 utf8，但这种设置只在当前的 MySQL 服务器连接内有效。当打开新的 MySQL 客户机时，字符集将恢复为 my.ini 配置文件中的默认值。

3. 使用 set names 命令设置字符集

使用 set names utf8 可以一次性将 character_set_client、character_set_connection 以及 character_ set_results 的参数值都设置为 utf8，但这种设置也只在当前的 MySQL 服务器连接内有效。

4. 连接 MySQL 服务器时指定字符集

当使用命令“mysql --default-character-set=utf8 -h 127.0.0.1 -u root -p；”连接 MySQL 服务器时，相当于连接服务器后执行命令 set names=utf8。

4.4 综合案例——算术操作符

创建表 tmp14，定义数据类型为 INT 的字段 num，插入值 64，对 num 值进行算术运算。

首先创建表 tmp14，输入 SQL 语句如下：

```
CREATE TABLE tmp14 ( num INT);
```

向字段 num 插入数据 64：

```
INSERT INTO tmp14 value(64);
```

接下来，对 num 值进行加法和减法运算：

```
SELECT num, num+10, num-3+5, num+5-3, num+36.5 FROM tmp14;
```

从图 4-21 所示的计算结果可以看到，可以对 num 字段的值进行加法和减法的运算，而且由于“+”和“-”的优先级相同，因此先加后减，或者先减后加之后的结果是相同的。

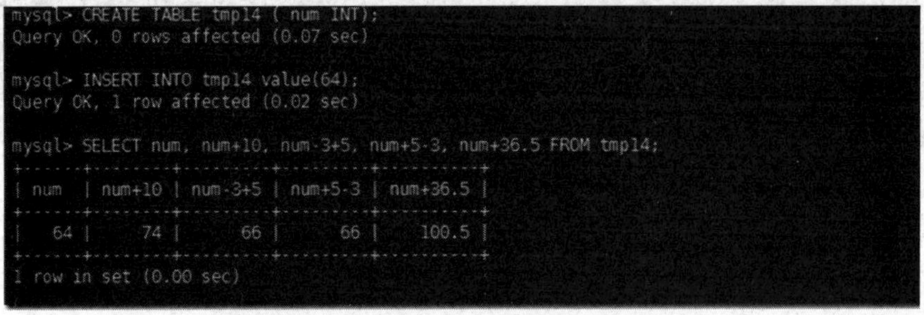

```
mysql> CREATE TABLE tmp14 ( num INT);
Query OK, 0 rows affected (0.07 sec)

mysql> INSERT INTO tmp14 value(64);
Query OK, 1 row affected (0.02 sec)

mysql> SELECT num, num+10, num-3+5, num+5-3, num+36.5 FROM tmp14;
+------+--------+---------+---------+----------+
| num  | num+10 | num-3+5 | num+5-3 | num+36.5 |
+------+--------+---------+---------+----------+
|   64 |     74 |      66 |      66 |    100.5 |
+------+--------+---------+---------+----------+
1 row in set (0.00 sec)
```

图 4-21 对 num 值进行加法和减法运算

对 tmp14 表中的 num 进行乘法、除法运算。

```
SELECT num, num *2, num /2, num/3, num%3 FROM tmp14;
```

从图 4-22 所示的计算结果可以看到，对 num 进行除法运算时，由于 64 无法被 3 整除，因此 MySQL 对 num/3 求商的结果保存到了小数点后面四位，结果为 21.3333；64 除以 3 的余数为 1，因此取余运算 num%3 的结果为 1。

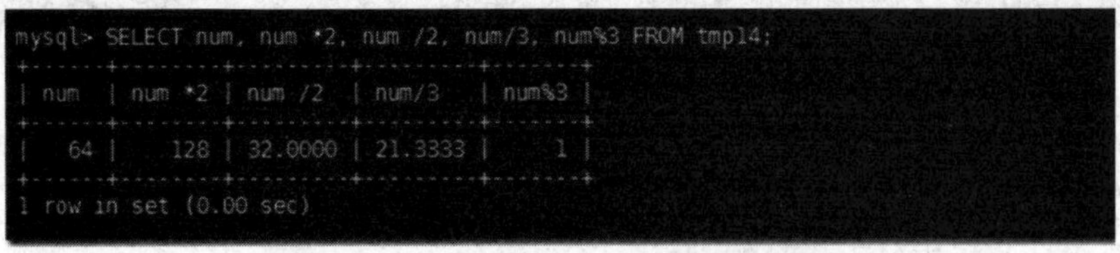

```
mysql> SELECT num, num *2, num /2, num/3, num%3 FROM tmp14;
+------+--------+---------+---------+-------+
| num  | num *2 | num /2  | num/3   | num%3 |
+------+--------+---------+---------+-------+
|   64 |    128 | 32.0000 | 21.3333 |     1 |
+------+--------+---------+---------+-------+
1 row in set (0.00 sec)
```

图 4-22 对 num 进行乘法、除法运算

在数学运算时，除数为 0 的除法是没有意义的，因此除法运算中的除数不能为 0，如果被 0 除，则返回结果为 NULL。

从图 4-23 所示的计算结果可以看到，对 num 进行除法求商或者求余运算的结果均为 NULL。

```
mysql> SELECT num, num / 0, num %0 FROM tmp14;
+------+---------+--------+
| num  | num / 0 | num %0 |
+------+---------+--------+
|   64 |    NULL |   NULL |
+------+---------+--------+
1 row in set (0.00 sec)
```

图 4-23　除数为 0 的除法是没有意义

1. 比较运算符

一个比较运算符的结果总是 1、0 或者是 NULL。MySQL 中的比较运算符有：

=、<=>、<> (!=)、<=、>=、>、IS NULL、IS NOT NULL、LEAST、GREATEST、BETWEEN ...AND...、ISNULL、IN、NOT IN、LIKE、REGEXP。

使用“=”进行相等判断，SQL 语句如下：

```
SELECT 1=0, '2'=2, 2=2,'0.02'=0, 'b'='b', (1+3) = (2+2),NULL=NULL;
```

SQL 语句的运行结果如图 4-24 所示。

```
mysql> SELECT 1=0, '2'=2, 2=2,'0.02'=0, 'b'='b', (1+3) = (2+2),NULL=NULL;
+-----+-------+-----+----------+---------+---------------+-----------+
| 1=0 | '2'=2 | 2=2 | '0.02'=0 | 'b'='b' | (1+3) = (2+2) | NULL=NULL |
+-----+-------+-----+----------+---------+---------------+-----------+
|   0 |     1 |   1 |        0 |       1 |             1 |      NULL |
+-----+-------+-----+----------+---------+---------------+-----------+
1 row in set (0.00 sec)
```

图 4-24　使用“=”进行相等判断

使用“<=>”进行相等的判断，SQL 语句如下：

```
SELECT 1<=>0, '2'<=>2, 2<=>2,'0.02'<=>0, 'b'<=>'b', (1+3) <=>(2+1),NULL<=>NULL;
```

从图 4-25 所示的结果可以看到，“<=>”在执行比较操作时和“=”的作用是相似的，唯一的区别是“<=>”可以用来对 NULL 进行判断，两者都为 NULL 时返回值为 1。

```
mysql> SELECT 1<=>0, '2'<=>2, 2<=>2,'0.02'<=>0, 'b'<=>'b', (1+3) <=> (2+1),NULL<=>NULL;
+-------+---------+-------+------------+-----------+-----------------+-------------+
| 1<=>0 | '2'<=>2 | 2<=>2 | '0.02'<=>0 | 'b'<=>'b' | (1+3) <=> (2+1) | NULL<=>NULL |
+-------+---------+-------+------------+-----------+-----------------+-------------+
|     0 |       1 |     1 |          0 |         1 |               0 |           1 |
+-------+---------+-------+------------+-----------+-----------------+-------------+
1 row in set (0.00 sec)
```

图 4-25　使用“<=>”进行相等的判断

不等于运算符 <> 或者 !=，“<>”或者“!=”用于判断数字、字符串、表达式不相等的判断。如果不相等，返回值为 1；否则返回值为 0。这两个运算符不能用于判断空值 NULL。

使用“<>”和“!=”进行不相等的判断，SQL 语句如下：

```
SELECT 'good'<>'god', 1<>2, 4!=4, 5.5!=5, (1+3)!=(2+1),NULL<>NULL;
```

从图 4-26 所示的结果可以看到，两个不等于运算符作用相同，都可以进行数字、字符串、表达式的比较判断。

```
mysql> SELECT 'good'<>'god', 1<>2, 4!=4, 5.5!=5, (1+3)!=(2+1),NULL<>NULL;
+---------------+------+------+--------+--------------+-------------+
| 'good'<>'god' | 1<>2 | 4!=4 | 5.5!=5 | (1+3)!=(2+1) | NULL<>NULL  |
+---------------+------+------+--------+--------------+-------------+
|             1 |    1 |    0 |      1 |            1 |        NULL |
+---------------+------+------+--------+--------------+-------------+
1 row in set (0.00 sec)
```

图 4-26　使用“<>”和“!=”进行不相等的判断

使用“<=”进行比较判断，SQL 语句如下：

```
SELECT 'good'<='god', 1<=2, 4<=4, 5.5<=5, (1+3) <= (2+1),NULL<=NULL;
```

从图 4-27 所示的结果可以看到，左边操作数小于或者等于右边时，返回值为 1，例如，4<=4；当左边操作数大于右边时，返回值为 0，例如，“good”第 3 个位置的“o”字符在字母表中的顺序大于“god”中的第 3 个位置的“d”字符，因此返回值为 0；同样比较 NULL 值时返回 NULL。

```
mysql> SELECT 'good'<='god', 1<=2, 4<=4, 5.5<=5, (1+3) <= (2+1),NULL<=NULL;
+---------------+------+------+--------+----------------+------------+
| 'good'<='god' | 1<=2 | 4<=4 | 5.5<=5 | (1+3) <= (2+1) | NULL<=NULL |
+---------------+------+------+--------+----------------+------------+
|             0 |    1 |    1 |      0 |              0 |       NULL |
+---------------+------+------+--------+----------------+------------+
1 row in set (0.00 sec)
```

图 4-27　使用“<=”进行比较判断

使用“<”进行比较判断，SQL 语句如下：

```
SELECT 'good'<'god', 1<2, 4<4, 5.5<5, (1+3) < (2+1),NULL<NULL;
```

SQL 语句的运行结果如图 4-28 所示。

```
mysql> SELECT 'good'<'god', 1<2, 4<4, 5.5<5, (1+3) < (2+1),NULL<NULL;
+--------------+-----+-----+-------+---------------+-----------+
| 'good'<'god' | 1<2 | 4<4 | 5.5<5 | (1+3) < (2+1) | NULL<NULL |
+--------------+-----+-----+-------+---------------+-----------+
|            0 |   1 |   0 |     0 |             0 |      NULL |
+--------------+-----+-----+-------+---------------+-----------+
1 row in set (0.00 sec)
```

图 4-28　使用“<”进行比较判断

使用“>=”进行比较判断，SQL 语句如下：

```
SELECT 'good'>='god', 1>=2, 4>=4, 5.5>=5, (1+3) >= (2+1),NULL>=NULL;
```

SQL 语句的运行结果如图 4-29 所示。

```
mysql> SELECT 'good'>='god', 1>=2, 4>=4, 5.5>=5, (1+3) >= (2+1),NULL>=NULL;
+---------------+------+------+--------+----------------+------------+
| 'good'>='god' | 1>=2 | 4>=4 | 5.5>=5 | (1+3) >= (2+1) | NULL>=NULL |
+---------------+------+------+--------+----------------+------------+
|             1 |    0 |    1 |      1 |              1 |       NULL |
+---------------+------+------+--------+----------------+------------+
1 row in set (0.00 sec)
```

图 4-29　使用“>=”进行比较判断

使用“>”进行比较判断，SQL 语句如下：

```
SELECT 'good'>'god', 1>2, 4>4, 5.5>5, (1+3) > (2+1),NULL>NULL;
```

SQL 语句的运行结果如图 4-30 所示。

```
mysql> SELECT 'good'>'god', 1>2, 4>4, 5.5>5, (1+3) > (2+1),NULL>NULL;
+--------------+-----+-----+-------+---------------+-----------+
| 'good'>'god' | 1>2 | 4>4 | 5.5>5 | (1+3) > (2+1) | NULL>NULL |
+--------------+-----+-----+-------+---------------+-----------+
|            1 |   0 |   0 |     1 |             1 |      NULL |
+--------------+-----+-----+-------+---------------+-----------+
1 row in set (0.00 sec)
```

图 4-30　使用“>”进行比较判断

使用 IS NULL、ISNULL 和 IS NOT NULL 判断 NULL 值和非 NULL 值，SQL 语句如下：

```
SELECT NULL IS NULL, ISNULL(NULL),ISNULL(10), 10 IS NOT NULL;
```

SQL 语句的运行结果如图 4-31 所示。

```
mysql> SELECT NULL IS NULL, ISNULL(NULL),ISNULL(10), 10 IS NOT NULL;
+--------------+--------------+------------+----------------+
| NULL IS NULL | ISNULL(NULL) | ISNULL(10) | 10 IS NOT NULL |
+--------------+--------------+------------+----------------+
|            1 |            1 |          0 |              1 |
+--------------+--------------+------------+----------------+
1 row in set (0.00 sec)
```

图 4-31　使用 IS NULL、ISNULL 和 IS NOT NULL 判断 NULL 值和非 NULL 值

使用 BETWEEN AND 进行值区间判断，SQL 语句如下：

```
SELECT 4 BETWEEN 4 AND 6, 4 BETWEEN 4 AND 6,12 BETWEEN 9 AND 10;
```

SQL 语句的运行结果如图 4-32 所示。

```
mysql> SELECT 4 BETWEEN 4 AND 6, 4 BETWEEN 4 AND 6,12 BETWEEN 9 AND 10;
+-------------------+-------------------+---------------------+
| 4 BETWEEN 4 AND 6 | 4 BETWEEN 4 AND 6 | 12 BETWEEN 9 AND 10 |
+-------------------+-------------------+---------------------+
|                 1 |                 1 |                   0 |
+-------------------+-------------------+---------------------+
1 row in set (0.00 sec)
```

图 4-32　使用 BETWEEN AND 进行数值区间判断

```
SELECT 'x' BETWEEN 'f' AND 'g', 'b' BETWEEN 'a' AND 'c';
```

SQL 语句的运行结果如图 4-33 所示。

```
mysql> SELECT  'x' BETWEEN 'f' AND 'g', 'b' BETWEEN 'a' AND 'c';
+-------------------------+-------------------------+
| 'x' BETWEEN 'f' AND 'g' | 'b' BETWEEN 'a' AND 'c' |
+-------------------------+-------------------------+
|                       0 |                       1 |
+-------------------------+-------------------------+
1 row in set (0.00 sec)
```

图 4-33　使用 BETWEEN AND 进行字符区间判断

使用 LEAST 运算符进行大小判断，SQL 语句如下：

```
SELECT least(2,0), least(20.0,3.0,100.5), least('a','c','b'),least(10,NULL);
```

SQL 语句的运行结果如图 4-34 所示。

```
mysql> SELECT least(2,0), least(20.0,3.0,100.5), least('a','c','b'),least(10,NULL);
+------------+-----------------------+--------------------+----------------+
| least(2,0) | least(20.0,3.0,100.5) | least('a','c','b') | least(10,NULL) |
+------------+-----------------------+--------------------+----------------+
|          0 |                   3.0 | a                  |           NULL |
+------------+-----------------------+--------------------+----------------+
1 row in set (0.00 sec)
```

图 4-34　使用 LEAST 运算符进行大小判断

使用 GREATEST 运算符进行大小判断，SQL 语句如下：

```
SELECT greatest(2,0), greatest(20.0,3.0,100.5), greatest('a','c','b'),greatest
(10,NULL);
```

SQL 语句的运行结果如图 4-35 所示。

```
mysql> SELECT greatest(2,0), greatest(20.0,3.0,100.5), greatest('a','c','b'),greatest(10,NULL);
+---------------+--------------------------+-----------------------+-------------------+
| greatest(2,0) | greatest(20.0,3.0,100.5) | greatest('a','c','b') | greatest(10,NULL) |
+---------------+--------------------------+-----------------------+-------------------+
|             2 |                    100.5 | c                     |              NULL |
+---------------+--------------------------+-----------------------+-------------------+
1 row in set (0.00 sec)
```

图 4-35　使用 GREATEST 运算符进行大小判断

使用 IN、NOT IN 运算符进行判断，SQL 语句如下：

```
SELECT 2 IN (1,3,5,'thks'), 'thks' IN (1,3,5,'thks');
```

SQL 语句的运行结果如图 4-36 所示。

```
mysql> SELECT 2 IN (1,3,5,'thks'), 'thks' IN (1,3,5,'thks');
+---------------------+--------------------------+
| 2 IN (1,3,5,'thks') | 'thks' IN (1,3,5,'thks') |
+---------------------+--------------------------+
|                   0 |                        1 |
+---------------------+--------------------------+
1 row in set, 2 warnings (0.00 sec)
```

图 4-36　使用 IN、NOT IN 运算符进行判断

存在 NULL 值时的 IN 查询，SQL 语句如下：

```
SELECT NULL IN (1,3,5,'thks'),10 IN (1,3,NULL,'thks');
```

SQL 语句的运行结果如图 4-37 所示。

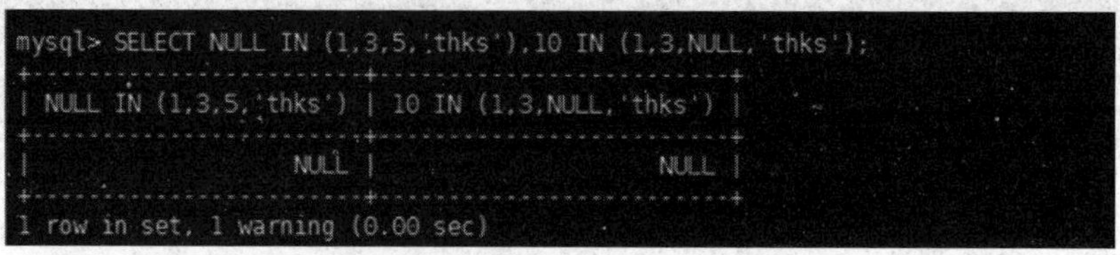

```
mysql> SELECT NULL IN (1,3,5,'thks'),10 IN (1,3,NULL,'thks');
+------------------------+--------------------------+
| NULL IN (1,3,5,'thks') | 10 IN (1,3,NULL,'thks') |
+------------------------+--------------------------+
|                   NULL |                     NULL |
+------------------------+--------------------------+
1 row in set, 1 warning (0.00 sec)
```

图 4-37　存在 NULL 值时的 IN 查询

使用运算符 LIKE 进行字符串匹配运算，SQL 语句如下：

```
SELECT 'stud' LIKE 'stud', 'stud' LIKE 'stu_','stud' LIKE '%d','stud' LIKE 't_
_ _', 's' LIKE NULL;
```

SQL 语句的运行结果如图 4-38 所示。

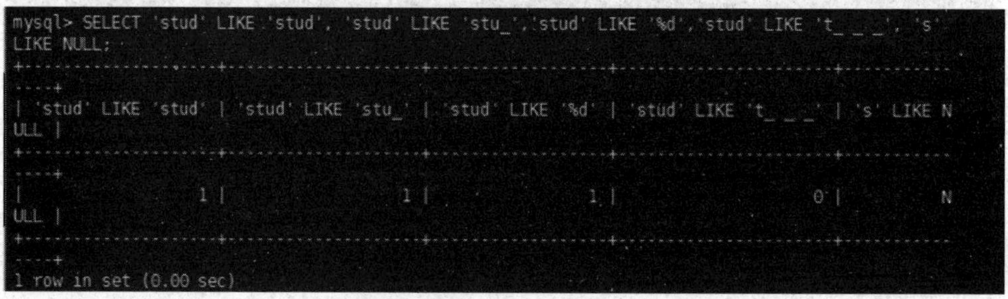

```
mysql> SELECT 'stud' LIKE 'stud', 'stud' LIKE 'stu_','stud' LIKE '%d','stud' LIKE 't_ _ _', 's'
LIKE NULL;
+--------------------+--------------------+-----------------+---------------------+---------
----+
| 'stud' LIKE 'stud' | 'stud' LIKE 'stu_' | 'stud' LIKE '%d' | 'stud' LIKE 't_ _ _' | 's' LIKE N
ULL |
+--------------------+--------------------+-----------------+---------------------+---------
----+
|                  1 |                  1 |               1 |                   0 |         N
ULL |
+--------------------+--------------------+-----------------+---------------------+---------
----+
1 row in set (0.00 sec)
```

图 4-38　使用运算符 LIKE 进行字符串匹配运算

使用运算符 REGEXP 进行字符串匹配运算，SQL 语句如下：

```
SELECT 'ssky' REGEXP '^s', 'ssky' REGEXP 'y$', 'ssky' REGEXP '.sky', 'ssky'
REGEXP '[ab]';
```

SQL 语句的运行结果如图 4-39 所示。

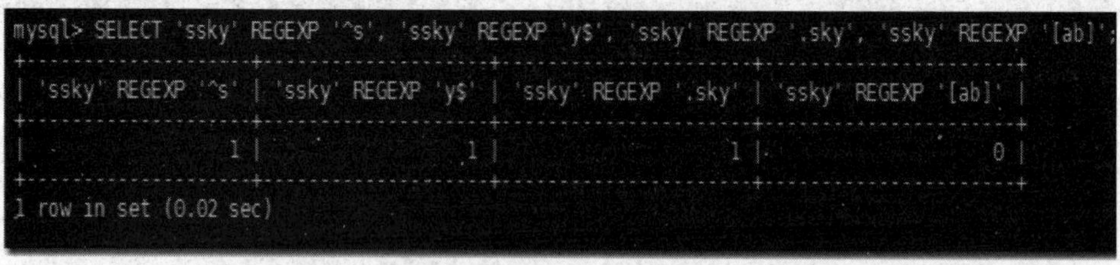

```
mysql> SELECT 'ssky' REGEXP '^s', 'ssky' REGEXP 'y$', 'ssky' REGEXP '.sky', 'ssky' REGEXP '[ab]';
+-------------------+-------------------+---------------------+---------------------+
| 'ssky' REGEXP '^s' | 'ssky' REGEXP 'y$' | 'ssky' REGEXP '.sky' | 'ssky' REGEXP '[ab]' |
+-------------------+-------------------+---------------------+---------------------+
|                 1 |                 1 |                   1 |                   0 |
+-------------------+-------------------+---------------------+---------------------+
1 row in set (0.02 sec)
```

图 4-39　使用运算符 REGEXP 进行字符串匹配运算

2. 逻辑运算符

逻辑运算符的求值所得结果均为 TRUE、FALSE 或 NULL。

逻辑运算符有：

- NOT 或者！；
- AND 或者 &&；

- OR 或者 || ；
- XOR（异或）。

使用 NOT 和！进行逻辑判断，SQL 语句如下：

```
SELECT NOT 10, NOT (1-1), NOT -5, NOT NULL, NOT 1 + 1;
```

SQL 语句的运行结果如图 4-40 所示。

```
mysql> SELECT NOT 10, NOT (1-1), NOT -5, NOT NULL, NOT 1 + 1;
+--------+-----------+---------+----------+-----------+
| NOT 10 | NOT (1-1) | NOT -5  | NOT NULL | NOT 1 + 1 |
+--------+-----------+---------+----------+-----------+
|      0 |         1 |       0 |     NULL |         0 |
+--------+-----------+---------+----------+-----------+
1 row in set (0.00 sec)
```

图 4-40　使用 NOT 进行逻辑判断

```
SELECT !10, !(1-1), !-5, ! NULL, ! 1 + 1;
```

SQL 语句的运行结果如图 4-41 所示。

```
mysql> SELECT !10, !(1-1), !-5, ! NULL, ! 1 + 1;
+-----+--------+-----+--------+---------+
| !10 | !(1-1) | !-5 | ! NULL | ! 1 + 1 |
+-----+--------+-----+--------+---------+
|   0 |      1 |   0 |   NULL |       1 |
+-----+--------+-----+--------+---------+
1 row in set (0.00 sec)
```

图 4-41　使用 ! 进行逻辑判断

使用 AND 和 && 进行逻辑判断，SQL 语句如下：

```
SELECT 1 AND -1,1 AND 0,1 AND NULL, 0 AND NULL;
```

SQL 语句的运行结果如图 4-42 所示。

```
mysql> SELECT  1 AND -1,1 AND 0,1 AND NULL, 0 AND NULL;
+----------+---------+------------+------------+
| 1 AND -1 | 1 AND 0 | 1 AND NULL | 0 AND NULL |
+----------+---------+------------+------------+
|        1 |       0 |       NULL |          0 |
+----------+---------+------------+------------+
1 row in set (0.00 sec)
```

图 4-42　使用 AND 进行逻辑判断

```
SELECT 1 && -1,1 && 0,1 && NULL, 0 && NULL;
```

SQL 语句的运行结果如图 4-43 所示。

```
mysql> SELECT  1 && -1,1 && 0,1 && NULL, 0 && NULL;
+---------+--------+-----------+-----------+
| 1 && -1 | 1 && 0 | 1 && NULL | 0 && NULL |
+---------+--------+-----------+-----------+
|       1 |      0 |      NULL |         0 |
+---------+--------+-----------+-----------+
1 row in set (0.00 sec)
```

图 4-43　使用 && 进行逻辑判断

使用 OR 和 || 进行逻辑判断，SQL 语句如下：

```
SELECT 1 OR -1 OR 0, 1 OR 2,1 OR NULL, 0 OR NULL, NULL OR NULL;
```

SQL 语句的运行结果如图 4-44 所示。

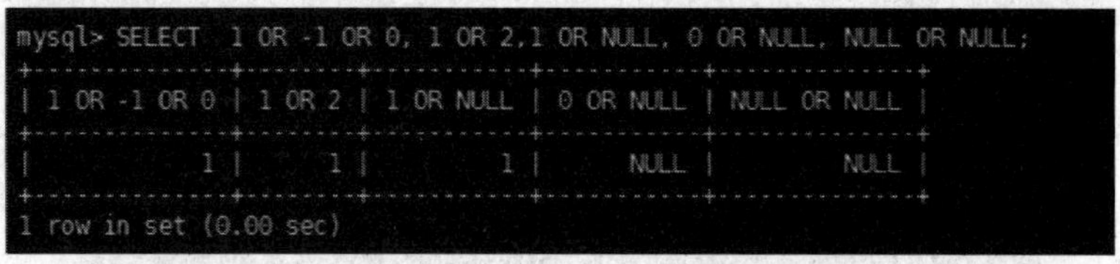

```
mysql> SELECT  1 OR -1 OR 0, 1 OR 2,1 OR NULL, 0 OR NULL, NULL OR NULL;
+--------------+--------+-----------+-----------+--------------+
| 1 OR -1 OR 0 | 1 OR 2 | 1 OR NULL | 0 OR NULL | NULL OR NULL |
+--------------+--------+-----------+-----------+--------------+
|            1 |      1 |         1 |      NULL |         NULL |
+--------------+--------+-----------+-----------+--------------+
1 row in set (0.00 sec)
```

图 4-44　使用 OR 进行逻辑判断

```
SELECT 1 || -1 || 0, 1 || 2,1 || NULL, 0 || NULL, NULL || NULL;
```

SQL 语句的运行结果如图 4-45 所示。

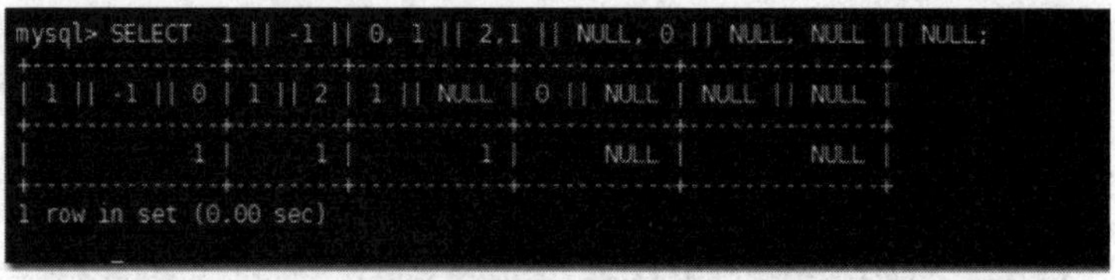

```
mysql> SELECT  1 || -1 || 0, 1 || 2,1 || NULL, 0 || NULL, NULL || NULL;
+--------------+--------+-----------+-----------+--------------+
| 1 || -1 || 0 | 1 || 2 | 1 || NULL | 0 || NULL | NULL || NULL |
+--------------+--------+-----------+-----------+--------------+
|            1 |      1 |         1 |      NULL |         NULL |
+--------------+--------+-----------+-----------+--------------+
1 row in set (0.00 sec)
```

图 4-45　使用 || 进行逻辑判断

使用 XOR 进行逻辑判断，SQL 语句如下：

```
SELECT 1 XOR 1, 0 XOR 0, 1 XOR 0, 1 XOR NULL, 1 XOR 1 XOR 1;
```

SQL 语句的运行结果如图 4-46 所示。

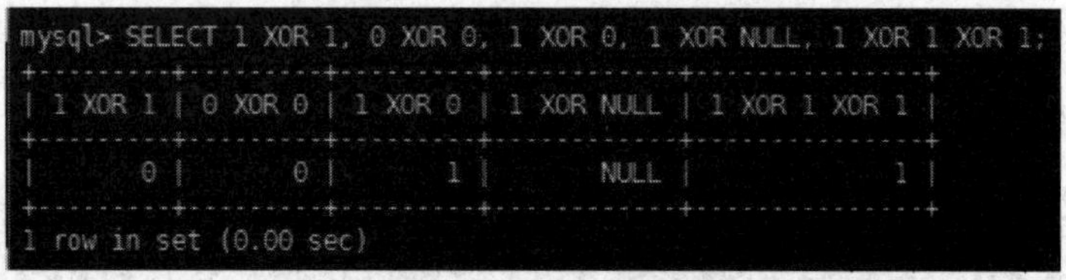

```
mysql> SELECT 1 XOR 1, 0 XOR 0, 1 XOR 0, 1 XOR NULL, 1 XOR 1 XOR 1;
+---------+---------+---------+------------+---------------+
| 1 XOR 1 | 0 XOR 0 | 1 XOR 0 | 1 XOR NULL | 1 XOR 1 XOR 1 |
+---------+---------+---------+------------+---------------+
|       0 |       0 |       1 |       NULL |             1 |
+---------+---------+---------+------------+---------------+
1 row in set (0.00 sec)
```

图 4-46　使用 XOR 进行逻辑判断

3. 位运算符

位运算符是用来对二进制字节中的位进行测试、移位或者测试处理。位运算符有：

- 位或（|）；
- 位与（&）；
- 位异或（^）；
- 位左移（<<）；
- 位右移（<<）；
- 位取反（~）。

使用位或运算符进行运算，SQL 语句如下：

```
SELECT 10 | 15, 9 | 4 | 2;
```

SQL 语句的运行结果如图 4-47 所示。

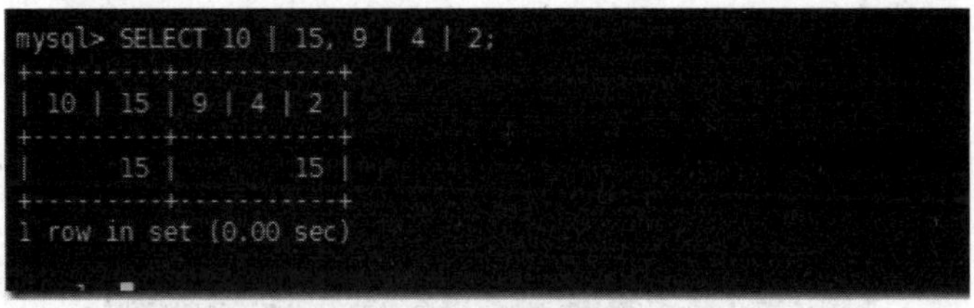

第 4 章 数据类型和运算符

图 4-47　使用位或运算符进行运算

使用位与运算符进行运算，SQL 语句如下：

```
SELECT 10 & 15, 9 &4& 2;
```

SQL 语句的运行结果如图 4-48 所示。

图 4-48　使用位与运算符进行运算

使用位异或运算符进行运算，SQL 语句如下：

```
SELECT 10 ^ 15, 1 ^0, 1 ^ 1;
```

SQL 语句的运行结果如图 4-49 所示。

图 4-49　使用位异或运算符进行运算

使用位左移运算符进行运算，SQL 语句如下：

```
SELECT 1<<2, 4<<2;
```

SQL 语句的运行结果如图 4-50 所示。

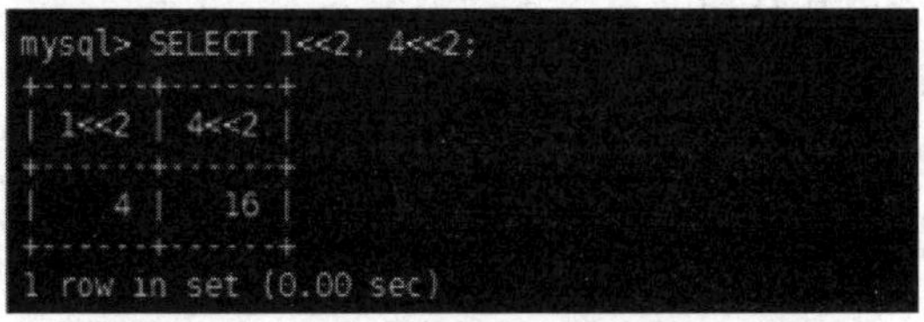

图 4-50　使用位左移运算符进行运算

使用位右移运算符进行运算，SQL 语句如下：

```
SELECT 1>>1, 16>>2;
```

SQL 语句的运行结果如图 4-51 所示。

图 4-51　使用位右移运算符进行运算

使用位取反运算符进行运算，SQL 语句如下：

```
SELECT 5 & ~1;
```

SQL 语句的运行结果如图 4-52 所示。

图 4-52　使用位取反运算符进行运算

小　结

本章对数据类型和运算符进行了介绍，给出了多个数据类型和运算符实例以便于读者理解。读者可通过练习实例来体会使用运算符和几种基本数据类型的方法。

经典习题

1. CHAR 与 VARCHAR 的区别是什么？
2. BLOB 和 TEXT 分别适合存储什么类型的数据？
3. 说明 ENUM 和 SET 类型的区别以及在什么情况下使用？
4. 在 MySQL 中执行算术运算：(9-7)*5、8+16/2、18DIV2、39%12。
5. 在 MySQL 中执行比较运算：12>6、18>=2、NULL<=>NULL、NULL<=>1。
6. 在 MySQL 中执行逻辑运算：4&&8、-5||NULL、！2、0 XOR 1。
7. 在 MySQL 中执行位运算：13&17、~16、20|8。

第 5 章

视图和触发器

数据库中的视图是个虚拟表。同真实的表一样，视图包含一系列带有名称的行和列数据，行和列数据来自由定义视图查询所引用的表，并且在引用视图时动态生成。本章将通过一些实例来介绍视图的含义、视图的作用、创建视图、查看视图、修改视图、更新视图和删除视图以及创建、查看、删除触发器的方法等 MySQL 的数据库知识。

学习目标

- 了解视图的含义和作用
- 掌握创建视图的方法
- 熟悉如何查看视图
- 掌握修改、更新、删除视图的方法
- 了解什么是触发器
- 掌握创建、查看、删除触发器的方法

视图和触发器

5.1 视图

5.1.1 视图概述

视图是用于创建动态表的静态定义，视图中的数据是根据预定义的选择条件从一个或多个行集中生成的。用视图可以定义一个或多个表的行列组合。为了得到所需要的行列组合的视图，可以使用 select 语句来指定视图中包含的行和列。

视图是一个虚拟的表，其结构和数据是建立在对表的查询基础上的，也可以说视图的内容由查询定义，而视图中的数据并不像表、索引那样需要占用存储空间，视图中保存的仅仅是一条 select 语句，其数据来自于视图所引用的数据库表或者其他视图，对视图的操作与对表的操作一样，可以对其进行查询、修改、删除。

视图的优点有：

1. 保护数据安全

视图可以作为一种安全机制，同一个数据库可以创建不同的视图，为不同的用户分配不同的视图，通过视图用户只能查询或修改自己所能看到的数据，其他数据库或者表既不可见也不可以访问，增强数据的安全访问控制。

2．简化操作

视图向用户隐藏了表与表之间的复杂的连接操作，大大简化了用户对数据的操作。在定义视图时，如果视图本身就是一个复杂查询的结果集，则在每一次执行相同的查询时，不必重写这些复杂的查询语句，只要一条简单的查询视图语句即可。另外，视图可以为用户屏蔽数据库的复杂性，简化用户对数据库的查询语句。例如，即使是底层数据库表发生了更改，也不会影响上层用户对数据库的正常使用，只需要数据库编程人员重新定义视图的内容即可。

3．使分散数据集中

当用户所需的数据分散在数据库多个表中时，通过定义视图可以将这些数据集中在一起，以方便用户对分散数据的集中查询与处理。

4．提高数据的逻辑独立性

有了视图之后，应用程序可以建立在视图之上，从而使应用程序和数据库表结构在一定程度上实现逻辑分离。

5.1.2 创建视图

创建视图需要具有针对视图的 create view 权限，以及针对由 select 语句选择的每一列上的某些权限。对于在 select 语句中其他地方使用的列，必须具有 select 权限。如果还有 or replace 子句，必须在视图上具有 DROP 权限。

使用 create view 语句来创建视图语法格式为：

```
create
[or replace]
[algorithm={undefined |merge | temptable }]
view view_name [(column_list)]
as select_statement
[with [cascaded | local] check option]
```

主要参数说明如下：

- or replace：可选项，用于指定 or replace 子句。该语句用于替换数据库中已有的同名视图，但需要在该视图上具有 DROP 权限；
- algorithm 子句：这个可选的 algorithm 子句是 MySQL 对标准 SQL 的扩展，规定了 MySQL 处理视图的算法，这些算法会影响 MySQL 处理视图的方式。algorithm 可取三个值：undefined、merge、temptable。如果没有给出 algorithm 的子句，则 create view 语句的默认算法是 undefined（未定义的）；
- view_name：指定视图的名称。该名称在数据库中必须是唯一的，不能与其他表或视图同名。
- column_list：该可选子句可以为视图中的每个列指定明确的名称。其中列名的数目必须等于 select 语句检索出来的结果数据集的列数，并且每个列名间用逗号分隔，如果省略 column_list 子句，则新建视图使用与基础表或源视图中相同的列名；

- select_statement：用于指定创建视图的 select 语句，这个 select 语句给出了视图的定义，它可以用于查询多个基础表或者源视图；
- with check option：该可选子句用于指定在可更新视图上所进行的修改都需要符合 select_statement 中所指定的限制条件，这样可以确保数据修改后仍可以通过视图看到修改后的数据。当视图是根据另一个视图定义时，with check option 给出两个参数，即 cascaded 和 local，它们决定检查测试的范围，cascaded 为选项默认值，会对所有视图进行检查，local 则使 check option 只对定义的视图进行检查。

1. 定义单源表视图

当视图的数据取自一个基本表的部分行、列，这样的视图称为单源表视图。此时视图的行列与基本表行列对应，用这种方法创建的视图可以对数据进行查询和修改操作。

【实例 5-1】 在 student 表上创建一个简单的视图，视图命名为 student_view1，创建语句如图 5-1 所示。

```
create view student_view1
as select * from student;
```

```
mysql> create view student_view1 as select * from student;

Query OK, 0 rows affected (0.04 sec)
```

图 5-1　创建视图

使用 select 语句后执行结果如图 5-2 所示。

```
mysql> select * from student_view1;
+-----+--------+------+------+-------------+
| sno | sname  | ssex | sage | inf         |
+-----+--------+------+------+-------------+
|   1 | 张三   | M    |   21 | 15884488547 |
|   2 | 李四   | F    |   20 | 15228559623 |
|   3 | 王五   | M    |   19 | 19633521145 |
|   4 | 赵六   | F    |   22 | 15623364524 |
|   5 | 钱七   | M    |   24 | 15882556263 |
|   6 | 孙八   | F    |   22 | 15225856956 |
|   7 | 周九   | M    |   20 | 12552569856 |
+-----+--------+------+------+-------------+
7 rows in set (0.00 sec)
```

图 5-2　查看视图

【实例 5-2】 在 student 表上创建一个简单的视图，视图命名为 student_view2，要求视图包含学生姓名、课程名以及课程所对应的成绩，创建语句如图 5-3 所示。

```
create view student_view2 (sname,cname,grade)
as select sname,cname,grade
from student ,course,sc
where student.sno=sc.sno and course.cno=sc.cno;
```

```
mysql> create view student_view2 (sname,cname,grade) as se
lect sname,cname,grade from student,course,sc where studen
t.sno=sc.sno and course.cno=sc.cno;
Query OK, 0 rows affected (0.06 sec)
```

图 5-3　创建视图 studeng_view2

用 select 语句后执行结果如图 5-4 所示，定义后就可以像查询基本表那样对视图进行查询。

```
mysql> select * from student_view2;
+-------+--------------------+-------+
| sname | cname              | grade |
+-------+--------------------+-------+
| 张三  | C语言程序设计      |    80 |
| 李四  | C语言程序设计      |    92 |
| 王五  | MySQL数据库设计    |    45 |
| 钱七  | C语言程序设计      |    77 |
| 赵六  | MySQL数据库设计    |    66 |
| 孙八  | C语言程序设计      |    59 |
| 周九  | MySQL数据库设计    |    82 |
| 李四  | C语言程序设计      |    64 |
| 王五  | java程序设计       |    98 |
| 李四  | 计算机组成原理     |    92 |
| 李四  | java程序设计       |    81 |
+-------+--------------------+-------+
11 rows in set (0.00 sec)
```

图 5-4　查看视图

2．定义多源表视图

多源表视图指定义视图的查询语句所涉及的表可以有多个，这样定义的视图一般只用于查询，不用于修改数据。

【实例】5-3 】　在 student、course、sc 表上创建视图命，其名为 scs_view，要求视图包含学生学号、姓名、课程名以及课程所对应的成绩及学分。

```
create view scs_view(sno,sname,cname,grade,credit)
as select sno,sname,cname,grade,credit
from student,course,sc
where student.sno=sc.sno and c.cno=sc.cno;
```

使用 select 语句后执行结果如图 5-5 所示。

```
mysql> select * from scs_view;
+-----+-------+--------------------+-------+--------+
| sno | sname | cname              | grade | credit |
+-----+-------+--------------------+-------+--------+
|   1 | 张三  | C语言程序设计      |    80 |      4 |
|   2 | 李四  | C语言程序设计      |    92 |      4 |
|   3 | 王五  | MySQL数据库设计    |    45 |      4 |
|   5 | 钱七  | C语言程序设计      |    77 |      4 |
|   4 | 赵六  | MySQL数据库设计    |    66 |      4 |
|   6 | 孙八  | C语言程序设计      |    59 |      4 |
|   7 | 周九  | MySQL数据库设计    |    82 |      4 |
|   2 | 李四  | C语言程序设计      |    64 |      4 |
|   3 | 王五  | java程序设计       |    98 |      4 |
|   2 | 李四  | 计算机组成原理     |    92 |      4 |
|   2 | 李四  | java程序设计       |    81 |      4 |
+-----+-------+--------------------+-------+--------+
```

图 5-5　查看视图 scs_view

3. 在已有视图上创建新视图

可以在视图上再创建视图，此时作为数据源的视图必须是已经建立好的视图。

【实例5-4】 在实例 5-3 创建视图 scs_view 上创建一个只能浏览某一门课程成绩的视图，命名为 scs_view1。

```
create view scs_view1
as
select *from scs_view
where scs_view.cname='MySQL 数据库设计';
```

使用 select 语句后执行结果如图 5-6 所示。

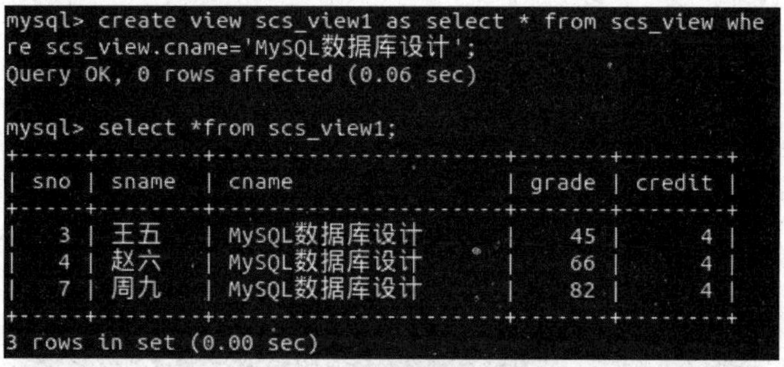

图 5-6　创建、查看视图 scs_view1

4. 创建带表达式的视图

在定义基本表时，为减少数据库中的冗余数据，表中只存放基本数据，而基本数据经过各种计算派生出的数据一般是不存储的，但由于视图中的数据并不实际存储，所以定义视图时可以根据需要设置一些派生属性列，在这些派生属性列中保存经过计算的值。这些派生属性列由于在基本表中并不实际存在，因此，也称它们为虚拟列，包含虚拟列的视图也称为带表达式的视图。

【实例5-5】 创建一个查询学生学号、姓名和出生年份的视图。

```
create view student_birthyear(sno,sname,birthyear)
as
select sno,sname,2010-sage
from student;
```

使用 select 语句后执行结果如图 5-7 所示。

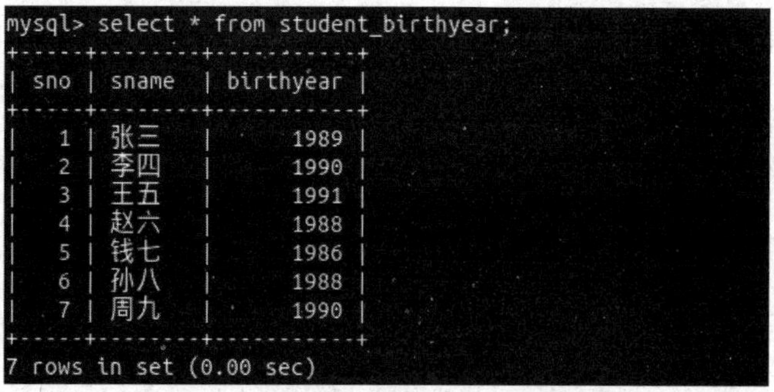

图 5-7　查看视图 student_birthyear

5. 含分组统计信息的视图

含分组统计信息的视图是指定义视图的查询语句中含有 group by 子句，这样的视图只能用于查询，不能用于修改数据。

【实例 5-6】 创建一个查询每个学生的学号和考试平均成绩的视图。

```
create view student_avg(sno,avggrade)
as
select sno,avg(grade) from sc
group by sno;
```

使用 select 语句后执行结果如图 5-8 所示。

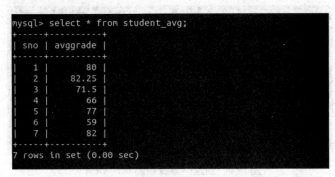

图 5-8　查看视图 student_avg

6. 创建视图注意事项

（1）运行创建视图的语句需要用户具有创建视图（create view）的权限，如果加上 [or replace]，还需要用户具有删除视图（drop view）的权限。

（2）select 语句不能包含 from 子句中的子查询。

（3）select 语句不能引用系统或者用户变量。

（4）select 语句不能引用预处理语句参数。

（5）在存储子程序内，定义不能引用子程序参数或者局部变量。

（6）在定义中引用的表或者视图必须存在，但是创建了视图后，能够舍弃定义引用的表或者视图。要想检查视图定义是否存在这类问题，可以使用 check table 语句。

（7）在定义中不能引用 temporary 表，不能创建 temporary 视图。

（8）在视图定义中命名的表必须已经存在。

（9）不能将触发程序与视图关联在一起。

（10）在视图定义中允许使用 order by，但是，如果从特定视图进行选择，而该视图使用了具有自己 order by 的语句，它将被忽视。

5.1.3　查看视图

查看视图是指查看数据库中已经存在的视图的定义。查看视图必须有 show view 的权限。查看视图的方法包括以下几条语句，它们从不同的角度显示视图的相关信息。

（1）describe 语句，语法格式为：

```
describe view_name;
```

第 5 章 视图和触发器

或者

```
dec view_name;
```

(2) show table status 语句，语法格式为：

```
show table status like'view_name';
```

(3) show create view 语句，语法格式为：

```
show create view'view_name';
```

(4) 查询 information_schema 数据库下的 view 表，语法格式为：

```
select *from information_schema.views where table_name='view_name';
```

【实例5-7】 分别采用四种方式查看 student_view2 的视图信息。

方式一：

```
describe student_view2;
```

执行结果如图 5-9 所示。

```
mysql> describe student_view2;
+-------+-------------+------+-----+---------+-------+
| Field | Type        | Null | Key | Default | Extra |
+-------+-------------+------+-----+---------+-------+
| sname | varchar(20) | NO   |     | NULL    |       |
| cname | varchar(20) | NO   |     | NULL    |       |
| grade | float       | YES  |     | 0       |       |
+-------+-------------+------+-----+---------+-------+
3 rows in set (0.00 sec)
```

图 5-9　查看视图信息（1）

方式二：

```
show table status like'student_view2'\G;
```

执行结果如图 5-10 所示。

```
mysql> show table status like 'student_view2' \G;
*************************** 1. row ***************************
           Name: student_view2
         Engine: NULL
        Version: NULL
     Row_format: NULL
           Rows: NULL
 Avg_row_length: NULL
    Data_length: NULL
Max_data_length: NULL
   Index_length: NULL
      Data_free: NULL
 Auto_increment: NULL
    Create_time: NULL
    Update_time: NULL
     Check_time: NULL
      Collation: NULL
       Checksum: NULL
 Create_options: NULL
        Comment: VIEW
```

图 5-10　查看视图信息（2）

方式三：

```
show create view'student_view2' \G;
```

执行结果如图 5-11 所示。

```
mysql> show create view student_view2 \G;
*************************** 1. row ***********************
****
                View: student_view2
         Create View: CREATE ALGORITHM=UNDEFINED DEFINER=`
root`@`localhost` SQL SECURITY DEFINER VIEW `student_view2
` AS select `student`.`sname` AS `sname`,`course`.`cname`
AS `cname`,`sc`.`grade` AS `grade` from ((`student` join `
course`) join `sc`) where ((`student`.`sno` = `sc`.`sno`)
and (`course`.`cno` = `sc`.`cno`))
character_set_client: utf8
collation_connection: utf8_general_ci
```

图 5-11　查看视图信息（3）

方式四：

```
select *from information_schema.views where table_name=' student_view2' \G;
```

执行结果如图 5-12 所示。

```
mysql> select * from information_schema.views where table_
name='student_view2' \G;
*************************** 1. row ***********************
****
       TABLE_CATALOG: def
        TABLE_SCHEMA: student_info
          TABLE_NAME: student_view2
     VIEW_DEFINITION: select `student_info`.`student`.`sna
me` AS `sname`,`student_info`.`course`.`cname` AS `cname`,
`student_info`.`sc`.`grade` AS `grade` from `student_info`
.`student` join `student_info`.`course` join `student_info
`.`sc` where ((`student_info`.`student`.`sno` = `student_i
nfo`.`sc`.`sno`) and (`student_info`.`course`.`cno` = `stu
dent_info`.`sc`.`cno`))
        CHECK_OPTION: NONE
        IS_UPDATABLE: YES
             DEFINER: root@localhost
       SECURITY_TYPE: DEFINER
CHARACTER_SET_CLIENT: utf8
COLLATION_CONNECTION: utf8_general_ci
```

图 5-12　查看视图信息（4）

5.1.4　管理视图

视图的管理涉及对现有视图的修改与删除。

1. 修改视图

修改视图指修改数据库中已经存在表的定义。当基本表的某些字段发生改变时，可以通过修改视图来保持视图和基本表之间的一致。使用 alter view 语句用于修改一个先前创建好的视图，包括索引视图，但不影响相关的存储过程或触发器，也不更改权限。alter view 语句语法格式为：

```
alter  [algorithm={undefined |merge | temptable }]
```

```
 view view_name [(column_list)]
as select_statement
[with [cascaded | local]  check option];
```

其中参数含义与 create view 表达式中参数含义相同。

【实例 5-8】 使用 alter view 修改视图 student_view2 的列名为姓名、课程名以及成绩。

```
alter  view
student_view2 (姓名,课程名,成绩)
as select sname,cname,grade
from student,course,sc
where student.sno=sc.sno and course.cno=sc.cno;
```

用 desc 查看 student_view2，执行结果如图 5-13 所示。

```
mysql> alter view student_view2 (姓名,课程名,成绩) as sele
ct sname,cname,grade from student,course,sc where student.
sno=sc.sno and course.cno=sc.cno;
Query OK, 0 rows affected (0.05 sec)

mysql> desc student_view2;
+-----------+-------------+------+-----+---------+-------+
| Field     | Type        | Null | Key | Default | Extra |
+-----------+-------------+------+-----+---------+-------+
| 姓名      | varchar(20) | NO   |     | NULL    |       |
| 课程名    | varchar(20) | NO   |     | NULL    |       |
| 成绩      | float       | YES  |     | 0       |       |
+-----------+-------------+------+-----+---------+-------+
```

图 5-13　修改、查看视图 student_view2

2. 删除视图

在创建并使用视图后，如果确定不再需要某视图，或者想清除视图定义及与之相关的权限，可以使用 drop view 语句删除该视图，视图被删除后，基本表的数据不受影响。

drop view 语句语法格式为：

```
drop view view_name;
```

【实例 5-9】 删除例 5-8 中的 student_view2 视图。

```
drop view student_view2;
```

5.1.5　使用视图

1. 使用视图查询数据

视图被定义好后，可以对其进行查询，查询语句语法格式为：

```
select *from view_name;
```

【实例 5-10】利用例 5-3 中建立的视图 scs_view，查询成绩小于等于 90 的学生的学号、姓名。

```
select sno,sname,
from scs_view
where grade<=90;
```

执行结果如图 5-14 所示。

```
mysql> select sno,sname from scs_view where grade<=90;
```

图 5-14　查询视图中成绩小于等于 90 的学生的学号、姓名

2. 使用视图更新数据

对视图的更新其实就是对表的更新，更新视图是指通过视图来插入（insert）、更新（update）和删除（delete）表中的数据。在操作时需要注意以下几点：

- 修改视图中的数据时，可以对两个以上基本表或者视图进行修改，但是不能同时影响两个或者多个基本表，每次修改都只能影响一个基本表；
- 不能修改那些通过计算得到的列，如平均分等；
- 如果创建视图时定义了 with check option 选项，那么使用视图修改基本表中的数据时，必须保证修改后的数据满足定义视图的限制条件；
- 执行 update 或者 delete 命令时，所更新或者删除的数据必须包含在视图的结果集中；
- 如果视图引用多个表，使用 insert 或者 update 语句对视图进行操作时，被插入或更新的列必须属于同一个表。

1）插入数据

可以通过视图向基本表中插入数据，但插入的数据实际上存放在基本表中，而不在视图中。

【实例 5-11】创建一个 student_view3 视图，要求视图中显示所有男同学的信息。

```
create view student_view3
as
select *
from student
where ssex='M';
```

执行结果如图 5-15 所示。

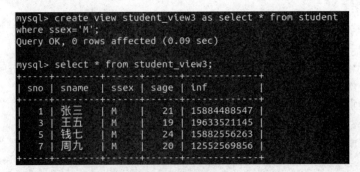

图 5-15　查询视图中所有男同学的信息

第 5 章 视图和触发器

【实例】5-12 通过视图 student_view3 向学生表 student 中插入数据。

```
insert into student_view3
values(null,'zmp','M',21,'15888889999');
```

执行结果如图 5-16 所示。

图 5-16 通过视图向学生表中插入数据

2）更新数据

使用 update 语句可以通过视图修改基本表的数据。

【实例】5-13 将 student_view2 视图中所有学生的成绩增加 10。

```
update student_view2
set grade=grade+10;
```

执行结果如图 5-17 所示。

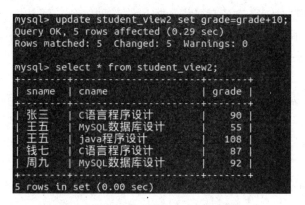

图 5-17 将视图中所有学生的成绩增加 10

3）删除数据

使用 delete 语句可以通过视图删除基本表的数据。

【实例】5-14 删除 student 表中女同学的记录。

```
Delete from student
where ssex='F';
```

执行结果如图 5-18 所示。

```
mysql> Delete from student where ssex='F';
Query OK, 3 rows affected (0.05 sec)

mysql> select * from student;
+-----+-------+------+------+-------------+
| sno | sname | ssex | sage | inf         |
+-----+-------+------+------+-------------+
|   1 | 张三  | M    |   21 | 15884488547 |
|   3 | 王五  | M    |   19 | 19633521145 |
|   5 | 钱七  | M    |   24 | 15882556263 |
|   7 | 周九  | M    |   20 | 12552569856 |
|   8 | zmp   | M    |   21 | 15888889999 |
+-----+-------+------+------+-------------+
```

图 5-18　删除 student 中女同学的记录

5.2　触 发 器

触发器定义了一系列操作，这一系列操作称为触发程序，当触发事件发生时，触发程序会自动运行。

触发器主要用于监视某个表的插入（insert）、更新（update）和删除（delete）等操作，这些操作可以分别激活该表的 insert、update 和 delete 类型的触发程序运行，从而实现数据的自动维护。

数据库触发器主要作用如下：

1. 安全性

可以基于数据库的数据使用户具有操作数据库的某种权利。可以基于时间限制用户的操作，例如，不允许下班后和节假日修改数据库数据等。可以基于数据库中的数据限制用户的操作，例如，不允许学生的分数大于满分等。

2. 审计

可以跟踪用户对数据库的操作。审计用户操作数据库的语句，把用户对数据库更新写入审计表。

3. 实现复杂的数据完整性规则

实现非标准的数据完整性检查和约束。触发器可产生比规则更为复杂的限制。与规则不同，触发器可以引用列或者数据库对象。例如，触发器可回退任何企图吃进超过自己保证金的期货。

4. 实现复杂的非标准的数据库相关完整性规则

在修改或者删除时，级联修改或者删除表中与之匹配的行。在修改或者删除时把其他表中与之匹配的行设成 NULL 值。在修改或者删除时把其他表中与之匹配的级联行设成默认值。触发器能够拒绝或者回退破坏相关完整性的操作，取消试图进行数据更新的事务。当插入一个与其主键不匹配的外键时，这种触发器起作用。

5.2.1　创建触发器

触发程序是与表有关的命名数据库对象，当表上出现特定事件时，将激活该对象。在 MySQL

中，可以使用 create trigger 语句创建触发器，具体语法格式为：

```
create trigger trigger_name trigger_time trigger_event
on tbl_name for each low trigger_stmt
```

参数说明如下：
- trigger_name：触发器的名称，触发器在当前数据库中必须具有唯一名称。如果要在某个特定数据库中创建，名称前面应该加上数据库的名称；
- trigger_time：触发器被触发的时间。它可以是 before 或者 after，以指明触发器是在激活它的语句之前或之后触发。如果希望验证新数据是否满足使用的限制，可以使用 before；如果希望在激活触发器的语句执行之后完成几个或更多的改变，可以使用 after；
- trigger_event：激活触发器的语句的类型；
- tbl_name：与触发器相关联的表名。tbl_name 必须引用永久性表。不能将触发程序与 temporary 表或视图关联起来。在该表上触发事件发生时才会激活触发器，同一个表不能拥有两个具有相同触发时刻和事件的触发器；
- for each low：用来指定对于受触发事件影响的每一行都要激活触发器的动作；
- trigger_stmt：当触发程序激活时执行的语句。如果你打算执行多个语句，可使用 begin...end 复合语句结构。这样，就能使用存储子程序中允许的相同语句。

5.2.2 使用触发器

【实例5-15】创建并使用触发器实现检查约束，保证课程的人数上限 up_limit 字段值在 (60,150,230) 内。

```
delimiter $$
create trigger course_insert_before_trigger before insert
on course for each low
begin
if(new.up_limit=60||new.up_limit=150||new.up_limit=230) then
set new.up_limit=new.up_limit;
else insert into mytable valuses(0);
end if;
end;
$$
delimiterr;
```

【实例5-16】在 5-15 例之上，创建 course_update_before_trigger 触发器，负责进行修改检查。

```
delimiter $$
create trigger course_update_before_trigger before update
on course for each low
begin
if(new.up_limit!=60||new.up_limit!=150||new.up_limit!=230) then
set new.up_limit=old.up_limit;
```

```
end if;
end;
$$
delimiterr;
```

5.2.3 查看触发器

查看触发器是指查看数据库中已经存在的触发器的定义、权限和字符集等信息，可以使用下面 4 种方法查看触发器的定义：

（1）使用 show triggers 命令查看触发器的定义。

使用"show trigger \G；"命令可以查看当前数据库中所有触发器的信息，用这种方式查看触发器的定义时，可以查看当前数据库中所有触发器的定义。如果触发器太多，可以使用"show trigger like 模式 \G；"命令查看与模式模糊匹配的触发器信息。

（2）通过查询 information_schema 数据库中的 triggers 表，可以查看触发器的定义。

MySQL 中所有触发器的定义都存放在 information_schema 数据库下的 triggers 表中，查询 triggers 表时，可以查看数据库中所有触发器的详细信息，查询语句如下：

```
select *from information_schema.triggers\G;
```

（3）使用"show create trigger;"命令可以查看某一个触发器的定义。

（4）成功创建触发器后，MySQL 自动在数据库目标下创建 TRN 以及 TRG 触发器文件，以记事本方式打开文件可以查看触发器的定义。

5.2.4 删除触发器

与其他数据库对象一样，可以使用 drop 语句将触发器从数据库中删除，语法格式为：

```
drop trigger [schema_name.]trigger_name;
```

参数说明如下：
- schema_name.：可选项，用于指定触发器所在的数据库的名称。如果没有指定，则为当前默认数据库；
- trigger_name：要删除的触发器名称；
- drop trigger 语句需要 super 权限；
- 当删除一个表的同时，也会自动删除表上的触发器。另外，触发器不能更新或者覆盖，为了修改一个触发器，必须先删除它，然后再重新创建。

【实例 5-17】删除数据库 student_info 中的触发器 course_insert_before_trigger。

```
drop trigger student_info. course_insert_before_trigger;
```

执行结果如图 5-19 所示。

```
mysql> drop trigger student_info.course_insert_before_trigger;
Query OK, 0 rows affected (0.04 sec)
```

图 5-19 删除数据库 student_info 中的触发器

5.2.5 触发器的应用

1. 触发器注意事项

在 MySQL 中使用触发器时有一些注意事项。

- 如果触发程序中包含 select 语句，select 语句不能返回结果集；
- 同一个表不能创建两个相同触发时间、触发事件的触发程序；
- 触发程序中不能使用以显式或者隐式方式打开、开始或者结束事务的语句，如 start transaction、commit、rollback 或者 set autocommit=0 语句；
- MySQL 触发器针对记录进行操作，当批量更新数据时，引入触发器会导致批量更新操作的性能降低；
- 在 MySQL 存储引擎中，触发器不能保证原子性，例如，当使用一个更新语句更新一个表后，触发程序实现另外一个表的更新，如果触发程序执行失败，那么不会回滚第一个表的更新。InnoDB 存储引擎支持事务，使用触发器可以保证更新操作与触发程序的原子性，此时触发程序和更新操作是在同一个事务中完成的；
- InnoDB 存储引擎实现外键约束关系时，建议使用级联选项维护外键数据；使用触发器维护 InnoDB 外键约束的级联选项时，应该首先维护子表的数据，然后再维护父表的数据，否则可能出现错误；
- MySQL 的触发程序不能对本表执行 update 操作，触发程序中的 update 操作可以直接使用 set 命令替代，否则可能出现错误，甚至陷入死循环；
- 在 before 触发程序中，auto_increament 字段的 new 值为 0，不是实际插入新纪录时自动生成的自增型字段值；
- 添加触发器后，建议对其进行详细的测试，测试通过后再决定是否使用触发器。

2. 使用触发器实例

1）维护冗余数据

冗余的数据需要额外的维护，维护冗余数据时，为了避免数据不一致问题的发生（例如，剩余的学生名额 + 已选学生人数 = 课程的人数上限），冗余数据应尽量避免由人工维护，建议由应用系统（如触发器）自动维护。

【实例 5-18】某学生选修了某门课程，请创建 choose_insert_before_trigger 触发器维护课程 available 的字段值。

```
delimiter $$
create trigger choose_insert_before_trigger before insert
on choose for each low
begin
update course set available=available-1 where course_no=new.course_no;
end;
$$
delimiter ;
```

执行结果如图 5-20 所示。

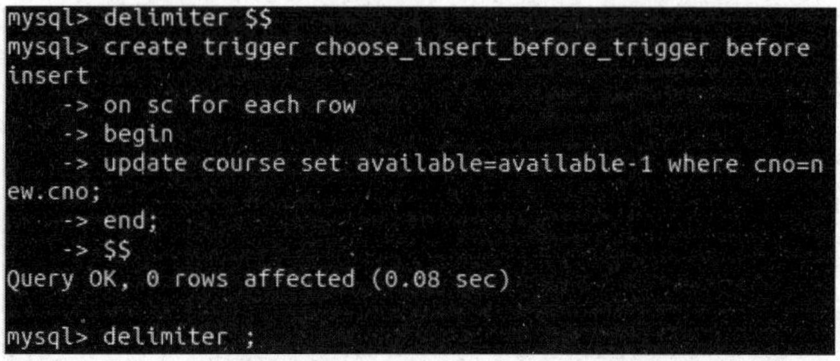

```
mysql> delimiter $$
mysql> create trigger choose_insert_before_trigger before
insert
    -> on sc for each row
    -> begin
    -> update course set available=available-1 where cno=n
ew.cno;
    -> end;
    -> $$
Query OK, 0 rows affected (0.08 sec)

mysql> delimiter ;
```

图 5-20　创建 choose_insert_before_trigger 触发器维护课程 available 的字段值

【实例 5-19】某学生放弃选修某门课程，请创建 choose_delete_before_trigger 触发器维护课程 available 的字段值。

```
delimiter $$
create trigger choose_delete_before_trigger before insert
on choose for each low
begin
update course set available=available+1 where course_no=old.course_no;
end;
$$
delimiter;
```

执行结果如图 5-21 所示。

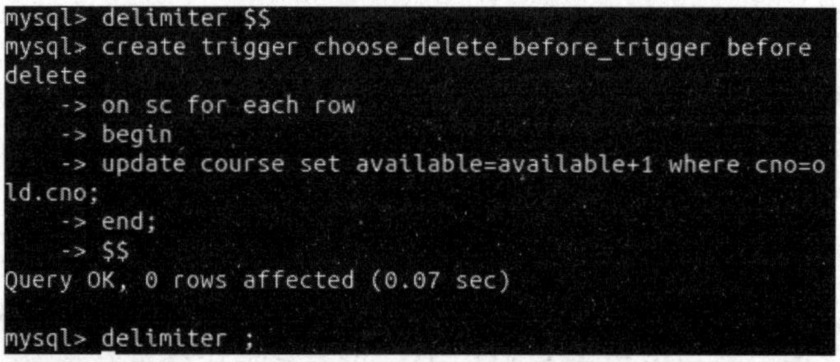

```
mysql> delimiter $$
mysql> create trigger choose_delete_before_trigger before
delete
    -> on sc for each row
    -> begin
    -> update course set available=available+1 where cno=o
ld.cno;
    -> end;
    -> $$
Query OK, 0 rows affected (0.07 sec)

mysql> delimiter ;
```

图 5-21　创建 choose_delete_before_trigger 触发器维护课程 available 的字段值

2）使用触发器模拟外键级联选项

对于 InnoDB 存储引擎的表而言，由于支持外键约束，在定义外键约束时，通过设置外键的级联选项 cascade、set null 或者 no action（restrict），外键约束关系可以由 InnoDB 存储引擎自动维护。

【实例 5-20】在选课系统中，管理员可以删除选修人数少于 20 人的课程信息，课程信息删除后与该课程相关的选课信息也应该随之删除，以便相关学生可以选修其他课程。请使用 InnoDB 存储引擎维护外键约束关系，向 choose 子表中的 course_no 字段添加外键约束，使得当删除父表 course 表中的某条课程信息时，级联删除与之对应的选课信息。

```
    alter table choose drop foreign key choose_course_fk;
    alter table choose add constraint choose_course_fk foreign key (course_no)
references
    course(course_no)on delete cascade;
```

5.3 综合案例——视图及触发器的应用

本案例将设计出一个高校选课数据库系统，其要求如下：
（1）系统用户由三类组成：教师、学生和管理员。
（2）管理员负责的主要功能为：
- 用户管理（老师、学生及管理员的增、删、改）；
- 课程管理（添加、删除和修改）；
- 选课管理（实现选课功能开放和禁止、老师成绩输入开放和禁止）。

（3）学生通过登录，可以查询课程的基本信息、实现选课、退课和成绩查询。
（4）老师通过登录，可以查看选课学生的基本信息，可以输入成绩。

5.3.1 系统主要功能

高校选课数据库系统分为学生、教师及管理员三类用户：学生的功能包括选课、退课、查询选课信息等；教师的功能包括录入学生成绩、查询课程信息、查询学生选课信息等；管理员的功能包括新建教师、学生账户、添加课程信息，其系统功能模块如图 5-22 所示。

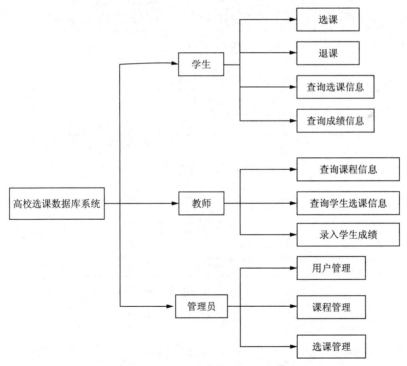

图 5-22 高校选课数据库系统功能模块

5.3.2 E-R 图

在数据库系统中共有 6 个实体：学生、教师、管理员、专业、系、课程。
（1）学生的属性：学号、姓名、性别、生日、密码。

(2) 教师的属性：工号、姓名、性别、生日、密码、职称。
(3) 管理员的属性：工号、姓名、性别、生日、密码、权限标志。
(4) 专业的属性：专业号码、专业名、辅导员、联系方式、专业介绍。
(5) 系的属性：系号码、系名称、系主任、联系方式、系介绍。
(6) 课程的属性：课程号、课程名、学时、学分、课程介绍。
(7) 控制设置属性：选课控制、成绩录入控制。

各个实体的 E-R 图，如图 5-23 ～图 5-28 所示。

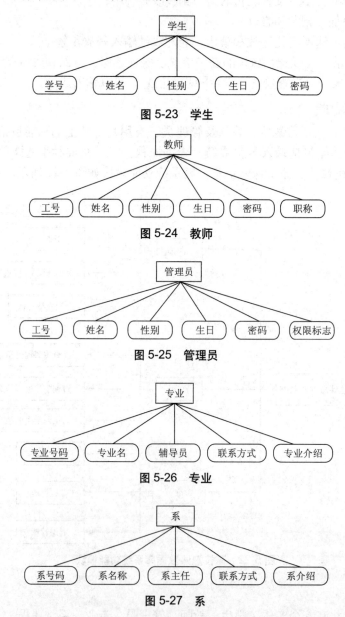

图 5-23　学生

图 5-24　教师

图 5-25　管理员

图 5-26　专业

图 5-27　系

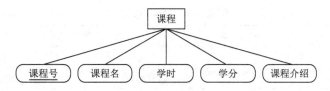

图 5-28　课程

然后，将以上实体之间联系表示出来，画出数据库系统的 E-R 图，如图 5-29 所示。

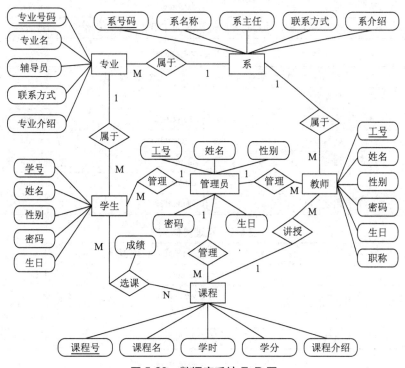

图 5-29　数据库系统 E-R 图

5.3.3　逻辑结构

根据 E-R 图可以将系统中的概念模型转换为具体的表（即关系）结构，共分为 7 个关系，详细信息如下所示：

学生（学号、专业号码、姓名、性别、生日、密码）；
教师（教师工号、系号码、姓名、性别、生日、密码、职称）；
管理员（工号、姓名、性别、生日、密码、权限标志）；
专业（专业号码、系号码、专业名、辅导员、联系方式、专业介绍）；
系（系号码、系名称、系主任、联系方式、系介绍）；
课程（课程号、学时、学分、课程介绍）；
选课信息（学号、课程号、教师工号、成绩）。

为方便，根据上述文字描述，用英文简写为表和列取名，确定列的数据类型及必要的约束规则，给出表 5-1～表 5-8 所示的基本结构及说明。

表 5-1　学生信息表

列　　名	说　　明	数　据　类　型	约　　束
StudentNum	学号	char(10)	主码
MajorNum	专业号码	char(10)	not null，引用 tb_major 的外码
StudentName	姓名	varchar(10)	not null
StudentSex	性别	char(2)	not null，取"男"或"女"
StudentBirthday	生日	datetime	not null
StudentPassword	密码	varchar(20)	not null

表 5-2　教师信息表

列　　名	说　　明	数　据　类　型	约　　束
TeacherNum	教师工号	char(10)	主码
DeptNum	系号码	char(10)	not null，引用 tb_dept 的外码
TeacherName	姓名	varchar(10)	not null
TeacherSex	性别	char(2)	not null，取"男"或"女"
TeacherBirthday	生日	datetime	not null
TeacherTitle	职称	varchar(20)	

表 5-3　管理员信息表

列　　名	说　　明	数　据　类　型	约　　束
ManagerNum	工号	char(10)	主码
ManagerName	姓名	varchar(10)	not null
ManagerSex	性别	char(2)	not null，取"男"或"女"
ManagerBirthday	生日	datetime	not null

表 5-4　专业信息表

列　　名	说　　明	数　据　类　型	约　　束
MajorNum	专业号码	char(10)	主码
DeptNum	系号码	char(10)	not null，引用 tb_dept 的外码
MajorName	专业名	varchar(20)	not nul
MajorAssistant	辅导员	varchar(10)	not null
MajorTel	联系方式	varchar(15)	not null

表 5-5　院系信息表

列　　名	说　　明	数　据　类　型	约　　束
DeptNum	系号码	char(10)	主码
DeptName	系名	varchar(20)	not null
DeptChairman	系主任	varchar(10)	not null
DeptTel	联系方式	varchar(15)	not null
DeptDesc	系介绍	text	not null

第 5 章 视图和触发器

表 5-6 课程信息表

列 名	说 明	数据类型	约 束
CourseNum	课程号	char(10)	主码
CourseName	课程名	varchar(20)	not null
CourseCredit	学分	float	not null
CourseClass	学时	smallint	not null
CourseDesc	课程介绍	text	not null

表 5-7 选课信息表

列 名	说 明	数据类型	约 束
StuCourseID	选课编号	int	主码，自动递增
StudentNum	学号	char(10)	not null，引用 tb_student 的外码
CourseNum	课程号码	char(10)	not null，引用 tb_course 的外码
TeacherNum	教师工号	char(10)	not null，引用 tb_student 的外码
Grade	成绩	smallint	

表 5-8 控制设置表

列 名	说 明	数据类型	约 束
IfTakeCourse	选课控制	char(1)	not null，取"0"或"1"
IfInputGrade	成绩录入控制	char(1)	not null，取"0"或"1"

注意：选课和成绩录入功能的开放和禁止，0 为禁止，1 为开放。

5.3.4 数据库实施

考虑到各个表之间的约束条件以及外键索引等要求，在创建表的时候应当按照一定的次序进行创建，否则会出现错误，还有一种方法是先创建各个基本表，然后在对特定的表添加列和外码约束，这里将采取第一种方法。

1. 创建表

(1) tb_dept 院系信息表。

```
CREATE TABLE tb_dept(
    DeptNum char(10) NOT NULL PRIMARY KEY,
    DeptName varchar(20) NOT NULL,
    DeptChairman varchar(10) NOT NULL,
    DeptTel varchar(15) NOT NULL,
    DeptDesc text NOT NULL,
);
```

(2) tb_major 专业信息表。

```
CREATE TABLE tb_major(
    MajorNum char(10) NOT NULL PRIMARY KEY,
```

```
    DeptNum char(10) NOT NULL,
    MajorName varchar(20) NOT NULL,
    MajorAssistant varchar(10) NOT NULL,
    MajorTel varchar(15) NOT NULL,
    FOREIGN KEY (DeptNum) REFERENCES tb_dept(DeptNum)
);
```

(3) tb_student 学生信息表。

```
CREATE TABLE tb_student(
    StudentNum char(10) NOT NULL PRIMARY KEY,
    MajorNum char(10) NOT NULL,
    StudentName varchar(10) NULL,
    StudentSex char(2) NOT NULL,
    StudentBirthday datetime NOT NULL,
    StudentPassword varchar(20) NOT NULL,
    FOREIGN KEY (MajorNum) REFERENCES tb_major(MajorNum)
);
```

(4) tb_teacher 教师信息表。

```
CREATE TABLE tb_teacher(
    TeacherNum char(10) NOT NULL PRIMARY KEY,
    DeptNum char(10) NOT NULL,
    TeacherName varchar(10) NOT NULL,
    TeacherSex char(2) NOT NULL,
    TeacherBirthday datetime NOT NULL,
    TeacherTitle varchar(20) NULL,
    FOREIGN KEY (DeptNum) REFERENCES tb_dept(DeptNum)
);
```

(5) tb_manager 管理员信息表。

```
CREATE TABLE tb_manager(
ManagerNum char(10) NOT NULL PRIMARY KEY,
ManagerName varchar(10) NOT NULL,
ManagerSex char(2) NOT NULL,
ManagerBirthdate datetime NOT NULL,
ManagerRights int NOT NULL
 );
```

(6) tb_course 课程信息表。

```
CREATE TABLE tb_course(
    CourseNum varchar(10) NOT NULL PRIMARY KEY,
```

```
    CourseName varchar(20) NOT NULL,
    CourseCredit float NOT NULL,
    CourseClass smallint NOT NULL,
    CourseDesc text NOT NULL,
);
```

（7）tb_stucourse 学生选课信息表。

```
CREATE TABLE tb_stucourse(
    StudentNum char(10) NOT NULL,
    CourseNum char(10) NOT NULL,
    TeacherNum char(10) NOT NULL,
    Grade smallint NULL,
    FOREIGN KEY (StudentNum) REFERENCES tb_student(StudentNum),
    FOREIGN KEY (CourseNum) REFERENCES tb_Course(CourseNum),
    FOREIGN KEY (TeacherNum) REFERENCES tb_teacher(TeacherNum),
);
```

（8）tb_control 控制设置表。

```
CREATE TABLE tb_control(
    IfTakeCourse char(1) NOT NULL check(IfTakeCourse in ( '0', '1')),
    IfInputGrade char(1) NOT NULL check(IfInputGrade in ( '0', '1')),
);
```

2. 创建必要视图

（1）建立学生成绩视图 vi_grade，从学生信息表、教师信息表、学生选课信息表中选择 Grade 不为空的记录，其关键代码如下所示：

```
CREATE VIEW vi_grade
AS
SELECT tb_stucourse.StudentNum,StudentName,CourseName
        ,CourseCredit,TeacherName,Grade
FROM tb_stucourse,tb_student,tb_course,tb_teacher
where tb_stucourse.StudentNum=tb_student.StudentNum and
    tb_stucourse.TeacherNum=tb_teacher.TeacherNum and
    tb_stucourse.CourseNum=tb_course.CourseNum and
    Grade is not null;
```

（2）建立专业学生信息视图 vi_major，从学生信息表、专业信息表表中选择学生中的专业号码与专业表中专业号码相等的记录，其关键代码如下所示：

```
CREATE VIEW vi_major
AS
SELECT tb_major.MajorName,StudentNum,StudentName,StudentSex,StudentBirthday
```

```
FROM tb_major,tb_student
WHERE tb_major.MajorNum=tb_student.MajorNum;
```

3. 创建必要触发器

(1) 建立添加学生院系触发器 tri_adddept，当该表中已存在所对应院系号码的院系时，系统给与错误提示并回滚，其关键代码如下所示：

```
CREATE TRIGGER tri_adddept ON tb_dept
FOR INSERT,UPDATE
AS
IF
    (SELECT COUNT(*) FROM tb_dept,inserted
    WHERE tb_dept.DeptNum=inserted.DeptNum)>0
BEGIN
    PRINT '院系号码产生冲突，请核对后重试！'
    ROLLBACK
END;
```

(2) 建立添加学生专业触发器 tb_major，当专业信息中的院系号不对或者该表中已存在所对应专业号码的专业时，系统给与错误提示并回滚，其关键代码如下所示：

```
CREATE TRIGGER tri_addmajor ON tb_major
FOR INSERT,UPDATE
AS
    IF(SELECT COUNT(*) FROM tb_dept,inserted
    WHERE tb_dept.DeptNum=inserted.DeptNum)=0
BEGIN
    PRINT '未找到该专业的院系信息，请添加相应院系后重试！'
    ROLLBACK
END
ELSE IF
    (SELECT COUNT(*) FROM tb_major,inserted
    WHERE tb_major.MajorNum=inserted.MajorNum)>0
BEGIN
    PRINT '院系号码产生冲突,请核对后重试！'
    ROLLBACK
END;
```

(3) 建立添加学生触发器 tri_addstudent，当学生信息中的专业号不对或者系统中已存在所对应学号的学生时，系统给予错误提示并回滚，其关键代码如下所示：

```
CREATE TRIGGER tri_addstudent ON tb_student
FOR INSERT,UPDATE
```

```
AS
    IF(SELECT COUNT(*) FROM tb_major,inserted
    WHERE tb_major.MajorNum=inserted.MajorNum)=0
BEGIN
    PRINT '未找到该学生的专业信息,请添加相应专业后重试!'
    ROLLBACK
END
ELSE IF
    (SELECT COUNT(*) FROM tb_student,inserted
    WHERE tb_student.StudentNum=inserted.StudentNum)>0
BEGIN
    PRINT '学号产生冲突,请核对后重试!'
    ROLLBACK
END;
```

(4) 建立学生选课触发器 tri_takecourse, 课程选课人数超过 40 个或者对应学生选课门数超过 5 门或者当前时间不是选课时间段时, 系统给与错误提示并回滚, 其关键代码如下所示:

```
CREATE TRIGGER tri_takecourse ON tb_stucourse
FOR INSERT,UPDATE
AS
    IF(SELECT COUNT(*) FROM tb_stucourse,inserted
    WHERE tb_stucourse.CourseNum=inserted.CourseNum)>40
BEGIN
    PRINT '所对应课程选课人数不能超过 40 个!'
    ROLLBACK
END
ELSE IF
    (SELECT COUNT(*) FROM tb_student,inserted
    WHERE tb_student.StudentNum=inserted.StudentNum)>5
BEGIN
    PRINT '对应学生的选课不能超过 5 门!'
    ROLLBACK
END
ELSE IF
    (SELECT IfTakeCourse FROM tb_control)='0'
BEGIN
    PRINT '当前不是选课时间段!'
    ROLLBACK
END;
```

小 结

本章花了比较大的篇幅对视图和触发器的相关概念进行了论述，列举了大量实例帮助读者理解，对部分语法格式进行了详细说明。读者可以通过对综合案例的练习及课后习题加深理解。

经典习题

1. 如何在一个表上创建视图？
2. 如何在多个表上创建视图。
3. 如何理解视图与基本表之间的关系、用户操作的权限？
4. 创建 INSERT 事件的触发器。
5. 创建 DELETE 事件的触发器。
6. 查看、删除触发器。

第 6 章 事务管理

当在执行数据库操作时，数据库可能会发生系统故障，导致数据库中存在不完整的表。为了避免上述的问题，引入事务这一概念。利用事务处理，可以保证一组操作不会中途停止，它们或者作为整体执行，或者完全不执行(除非明确指示)。本章所要讲解的事务管理可用来维护数据库的完整性。

学习目标

- 掌握事务管理的概念
- 掌握事务的提交及回滚
- 掌握事务的特性、隔离级别
- 熟悉多用户使用问题的解决办法

事务管理

6.1 事务机制概述

从 MySQL 4.1 开始支持事务，事务由作为一个单独单元的一个或多个 SQL 语句组成。这个单元中的每个 SQL 语句是互相依赖的，而且单元作为一个整体是不可分割的。如果单元中的一个语句不能完成，整个单元就会回滚（撤销），所有影响到的数据将返回到事务开始以前的状态。因此，只有事务中的所有语句都成功地执行这个事务，才被成功地执行。例如，银行交易、网上购物以及库存品控制系统中都需要使用事务。这些交易是否成功取决于交易中相互依赖的行为是否能够被成功地执行，其中的任何一个行为失败都将取消整个事务，而使系统回到事务处理以前的状态。

在银行转账过程中，如果要把 1 000 元从账号 "123" 转到账号 "456"，则需要先后执行以下两条 SQL 命令：

```
update account set value=value+1000 where accountno=456;
update account set value=value-1000 where accountno=123;
```

如果账号"123"和账号"456"的当前余额都为 500，转账前两账户余额信息如图 6-1 所示。

```
mysql> use transaction_test;
Database changed
mysql> create table account(
    ->   accountno int primary key,
    ->   value int unsigned
    -> )engine=innodb;
Query OK, 0 rows affected (0.00 sec)

mysql> insert into account values(123,500);
Query OK, 1 row affected (0.00 sec)

mysql> insert into account values(456,500);
Query OK, 1 row affected (0.00 sec)

mysql> select * from account;
+-----------+-------+
| accountno | value |
+-----------+-------+
|       123 |   500 |
|       456 |   500 |
+-----------+-------+
2 rows in set (0.00 sec)
```

图 6-1　查看原账户

当第一条 SQL 语句执行完后，账号"456"的当前余额为 1 500。当第二条 SQL 语句执行时，由于当前余额不足 1 000，所以 SQL 语句执行失败，当前账户余额应为 500。这样就产生了数据不一致问题，转账后两账户余额信息如图 6-2 所示。

```
mysql> update account set value=value+1000 where accountno=456;
Query OK, 1 row affected (0.01 sec)
Rows matched: 1  Changed: 1  Warnings: 0

mysql> update account set value=value-1000 where accountno=123;
ERROR 1264 (22003): Out of range value adjusted for column 'value' at row 1
mysql> select * from account;
+-----------+-------+
| accountno | value |
+-----------+-------+
|       123 |   500 |
|       456 |  1500 |
+-----------+-------+
2 rows in set (0.00 sec)
```

图 6-2　更新账户余额出现问题

如果将上面两条 update 语句绑定到一起形成一个事务，那么这两条 update 语句或者都执行，或者都不执行，从而避免数据不一致问题。

6.2 事务的提交

在 MySQL 中，当一个会话开始时，系统变量 AUTOCOMMIT 值为 1，即自动提交功能是打开的。当任意一条 SQL 语句发送到服务器时，MySQL 服务器会立即解析、执行并将更新结果提交到数据库文件中。

因此在执行事务时要首先关闭 MySQL 的自动提交，使用命令"set autocommit=0;"可以关闭 MySQL 的自动提交。这样只有事务中的所有操作都成功执行后，才提交所有操作，否则回滚所有操作。

当 MySQL 关闭自动提交后，可以使用 commit 命令来完成事务的提交。commit 语句使得从事务开始以来所执行的所有数据修改成为数据库的永久组成部分，也标志着一个事务的结束。使用命令"start transaction;"可以开启一个事务，该命令开启事务的同时会隐式地关闭 MySQL 自动提交。

在 MySQL 中，事务是不允许嵌套的。如果在第一个事务里使用"start transaction；"命令后，当开始第二个事务会自动提交第一个事务。下面的语句在运行时都会隐式地执行一个 commit 命令：

```
set autocommit=1、rename table、truncate table;
```

数据定义语句：create、alter、drop；

权限管理和账户管理语句：grant、revoke、set password、create user、drop user、rename user；

锁语句：lock tables、unlock tables。

【实例6-1】事务的提交。

（1）首先开启一个事务，在 account 账户信息表中插入一条账户信息（111,500），然后用 commit 命令显式提交事务。

（2）在 account 账户信息表中再插入一条账户信息（222,500）。

（3）使用数据定义语句 create 在当前数据库中创建一个新表 student，表中包括学号(studentid)、姓名（name）和性别（sex）三个字段。

（4）在 account 账户信息表中再插入一条账户信息（333,500），然后查询 account 表中所有账户信息。

（5）打开另一个 MySQL 客户机，选择当前数据库为 transaction_test，查询 account 表中所有账户信息。

（6）在当前客户机中使用 commit 命令显式提交事务，然后分别在两个 MySQL 客户机中查询 account 表中所有账户信息。

SQL 语句为：

```
set autocommit=0;
insert into account values(111,500);
commit;
insert into account values(222,500);
```

```
create table student(
    studentid char(6) primary key,
    name varchar(10),
    sex char(2)
)engine=innodb;
insert into account values(333,500);
select * from account;
```

在当前客户机中 SQL 语句运行结果如图 6-3 所示。

图 6-3　事务的提交

在上面 SQL 语句执行过程中，首先使用命令 "set autocommit=0;" 关闭 MySQL 的自动提交。插入第一条记录后，使用 commit 命令完成事务的提交。

当插入第二条记录后，使用 create 命令创建数据表，由于 create 命令在执行时会隐式地执行 commit 命令，所以插入的第二条记录也会被提交。

当插入完第三条记录时，使用 select 语句查询到的是内存中的记录，所以查询结果可以看到新添加的三条记录。

在另一 MySQL 客户机中 account 数据表查询结果如图 6-4 所示。

第 6 章　事务管理

图 6-4　查询账户余额（1）

由于最后一条语句并没有提交，所以该值并没有写到数据库文件中。当另一客户机执行查询时，看到的是外存数据库文件在服务器内存中的一个副本，所以只查询到两条添加记录。

当前客户机使用 commit 命令提交事务后，两个客户机看到的查询结果是相同的。当使用 commit 命令后，另一客户机的查询结果如图 6-5 所示。

图 6-5　查询账户余额（2）

6.3　事务的回滚

使用 rollback 命令可以完成事务的回滚，事务的回滚可以撤销未提交的事务所做的各种修改操作，并结束当前这个事务。

除了回滚整个事务外，有时仅仅希望撤销事务中的一部分更新操作，保存点则可以实现事务的部分回滚。使用 MySQL 命令"savepoint 保存点名；"可以在事务中设置一个保存点，使用"rollback to savepoint 保存点名；"可以将事务回滚到保存点状态。

【实例 6-2】事务的回滚。
（1）首先开启一个事务，在 account 账户信息表中插入一条账户信息（444,500）并查看。
（2）设置保存点 p1。
（3）将账号为"444"的账户余额增加 1 000 后并查看。
（4）回滚事务到保存点 p1。
（5）查看账号为"444"的账户余额。

（6）回滚整个事务。
（7）查看 account 账户信息表中记录情况。
SQL 语句为：

```
start transaction;
insert into account values(444,500);
select * from account where accountno=444;
savepoint p1;
update account set value=value+1000 where accountno=444;
select * from account where accountno=444;
rollback to savepoint p1;
select * from account where accountno=444;
rollback;
select * from account where accountno=444;
```

上面 SQL 语句执行时，在 account 表中插入账户"444"，并将账户"444"的余额增加 1 000，修改后运行结果如图 6-6 所示。

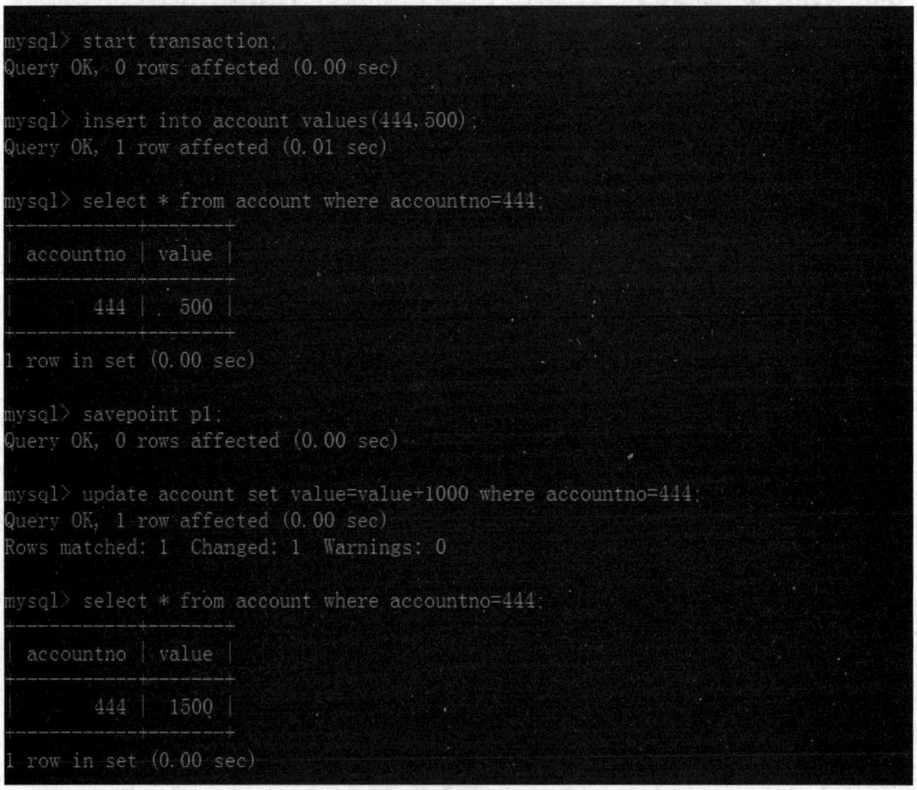

图 6-6　事务的回滚

事务回滚命令 rollback to savepoint p1 会使事务回滚到 p1，所以 update 命令会被撤销，事务部分回滚后的运行结果如图 6-7 所示。

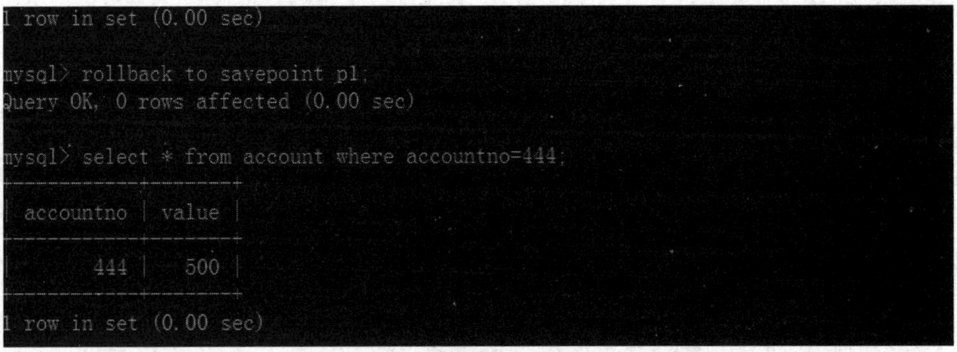

图 6-7 事务回滚到 p1 的结果

当使用 rollback 命令进行回滚后，事务中的全部操作都将会被撤销。在上面事务中包括 insert 和 update 两条操作，当回滚到保存点 p1 时撤销了 update 操作，当再次回滚时撤销了 insert 操作。整个事务回滚后的运行结果如图 6-8 所示。

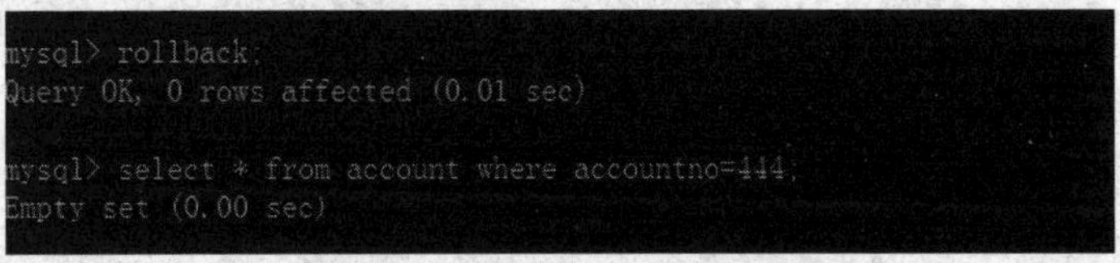

图 6-8 rollback 事务回滚结果

6.4 事务的特征和隔离

事务是一个单独的逻辑工作单元，事务中的所有操作要么都执行，要么都不执行。

事务保证了一系列操作的原子性。如果事务与事务之间存在并发操作，则可以通过事务之间的隔离级别来实现事务的隔离，从而保证事务间数据的并发访问。

6.4.1 事务的四大特性

数据库中的事务具有 ACID 属性，即原子性（Atomicity）、一致性（Consistency）、隔离性（Isolation）和持久性（Durability）。

1. 原子性

原子性意味着每个事务都必须被认为是一个不可分割的单元，事务中的操作必须同时成功，事务才是成功的。如果事务中的任何一个操作失败，则前面执行的操作都将回滚，以保证数据的整体性没有受到影响。

【实例 6-3】事务的原子性。

（1）首先开启一个事务，在 account 账户信息表中插入两条账户信息（555，500）和（666，500），然后提交事务。

（2）再开启第二个事务，在 account 账户信息表中插入两条账户信息（777,500）和（888,-500），然后回滚事务。

SQL 语句为：

```
start transaction;
insert into account values(555,500);
insert into account values(666,500);
commit;
start transaction;
insert into account values(777,500);
insert into account values(888,-500);
rollback;
select * from account;
```

第一个事务中两条插入语句都成功执行后，提交该事务。第二个事务中，第一条插入语句执行成功，而第二条插入语句执行失败，所以回滚第二个事务。事务运行结果如图 6-9 所示。

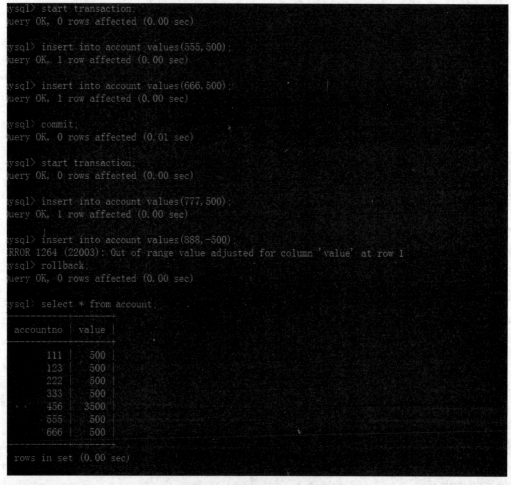

图 6-9　事务的原子性验证

2. 一致性

事务的一致性保证了事务完成后，数据库能够处于一致性状态。如果事务执行过程中出现错误,那么数据库中的所有变化将自动地回滚,回滚到另一种一致性状态。

在 MySQL 中一致性主要由 MySQL 的日志机制处理,它记录了数据库的所有变化,为事务恢复提供了跟踪记录。

如果系统在事务处理中发生错误,MySQL 恢复过程将使用这些日志来发现事务是否已经完全成功地执行,是否需要返回。一致性保证了数据库从不返回一个未处理完的事务。

3. 隔离性

事务的隔离性确保多个事务并发访问数据时,各个事务不能相互干扰。系统中的每个事务在自己的空间执行,并且事务的执行结果只有在事务执行完才能看到。

即使系统中同时执行多个事务,事务在完全执行完之前,其他事务是看不到结果的。在多数事务系统中,可以使用页级锁定或行级锁定来隔离不同事务的执行。

【实例6-4】事务的隔离性。

(1) 第一个用户在事务中将账号为"111"的余额增加 500,但未提交该事务。第一个事务的运行结果如图 6-10 所示。

图 6-10 用户 1 将账号为"111"的余额增加 500,不提交事务

(2) 第二个用户也想将账号为"111"的余额增加 500,第二个事务的运行结果如图 6-11 所示。

图 6-11 用户 2 将账号为"111"的余额增加 500

(3) 当第一个事务使用 commit 命令提交后,第二个事务的运行结果如图 6-12 所示。

图 6-12 查看事务运行结果

事务的隔离性不允许多个事务同时修改相同的数据,所以第一个事务执行完 update 命令但未提交时第二个事务的 update 命令需要等待。当第一个事务提交后,第二个事务才会执行 update 命令。

4. 持久性

事务的持久性意味着事务一旦提交,其改变会永久生效,不能再被撤销。即使系统崩溃,一个提交的事务仍然存在。

MySQL 通过保存所有行为的日志来保证数据的持久性,数据库日志记录了所有对表的操作。

6.4.2 事务的隔离级别

事务的隔离级别是事务并发控制的整体解决方案,是综合利用各种类型的锁定机制解决并发问题。每个事务都有一个隔离级别,它定义了事务彼此之间隔离和交互的程度。

在 MySQL 中提供了 4 种隔离级别:read uncommitted(读取未提交的数据)、read committed(读取提交的数据)、repeatable read(可重复读)和 serializable(串行化)。其中,read uncommitted 的隔离级别最低,serializable 的隔离级别最高,4 种隔离级别逐渐增加。

1. read uncommitted

提供了事务之间的最小隔离程度,处于这个隔离级别的事务可以读到其他事务还没有提交的数据。

2. read committed

处于这一级别的事务可以看见已经提交事务所做的改变,这一隔离级别要低于 repeatable read。

3. repeatable read

这是 MySQL 默认的事务隔离级别,它确保在同一事务内相同的查询语句其执行结果总是相同的。

4. serializable

这是最高级别的隔离,它强制事务排序,使事务一个接一个地顺序执行。

查看当前 MySQL 会话的事务隔离级别可以使用命令"select @@session.tx_isolation;"。查看 MySQL 服务实例全局事务隔离级别可以使用命令"select @@global.tx_isolation;"。

6.5 解决多用户使用问题

当用户对数据库并发访问时,为了确保事务完整性和数据库一致性,需要使用锁定,它是实现数据库并发控制的主要手段。锁定可以防止用户读取正在由其他用户更改的数据,并可以防止多个用户同时更改相同数据。事务的隔离级别则是对锁定机制的封装,通过事务的隔离级别可以保证多事务并发访问数据。

高级别的事务隔离可以有效地实现并发,但会降低事务并发访问的性能。低级别的事务隔离可以提高事务的并发访问性能,但可能导致并发事务中的脏读、不可重复读和幻读等问题。合理地设置事务的隔离级别,才能有效地避免上述并发问题。

6.5.1 脏读

一个事务可以读到另一个事务未提交的数据则称为脏读。如果将事务的隔离级别设置为 read uncommitted,则可能出现脏读、不可重复读和幻读等问题。将事务的隔离级别设置为 read committed 则可以避免脏读,但可能出现不可重复读及幻读等问题。

【实例6-5】将事务的隔离级别设置为 read uncommitted 出现脏读。

(1)打开 MySQL 客户机 A,将当前 MySQL 会话的事务隔离级别设置为 read uncommitted。

(2)开启事务,查询账号为"111"账户的余额。

（3）打开 MySQL 客户机 B，将当前 MySQL 会话的事务隔离级别设置为 read uncommitted。

（4）开启事务，将账号为“111”账户余额增加 800。

（5）在 MySQL 客户机 A 中查看账号为“111”账户的余额。

（6）关闭 MySQL 客户机 A 和客户机 B 后，再查看账号为“111”账户的余额。

在 MySQL 客户机 A 中 SQL 语句为：

```
set session transaction isolation level read uncommitted;
start transaction;
select * from account where accountno=111;
```

上面 SQL 语句中“set session transaction isolation level read uncommitted;”的作用是将当前 MySQL 会话的事务隔离级别设置为 read uncommitted。在 MySQL 客户机 A 中第一次查询账号为“111”的账户余额为 1500，运行结果如图 6-13 所示。

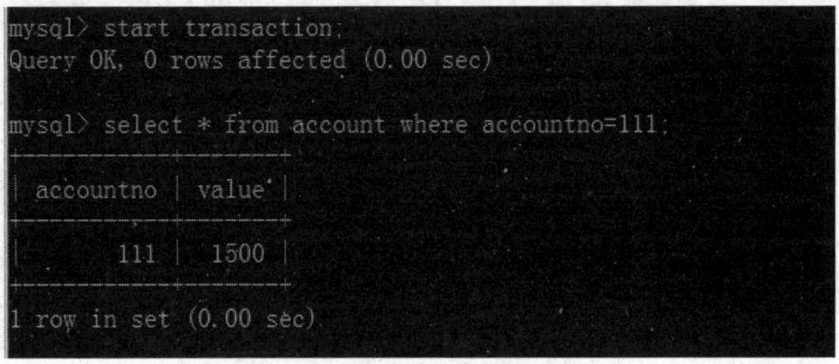

```
mysql> start transaction;
Query OK, 0 rows affected (0.00 sec)

mysql> select * from account where accountno=111;
+-----------+-------+
| accountno | value |
+-----------+-------+
|       111 |  1500 |
+-----------+-------+
1 row in set (0.00 sec)
```

图 6-13　将事务的隔离级别设置为 read uncommitted

在 MySQL 客户机 B 中 SQL 语句为：

```
set session transaction isolation level read uncommitted;
start transaction;
update account set value=value+800 where accountno=111;
```

在 MySQL 客户机 B 中将账号为“111”的账户余额增加 800，但并没有提交事务，运行结果如图 6-14 所示。

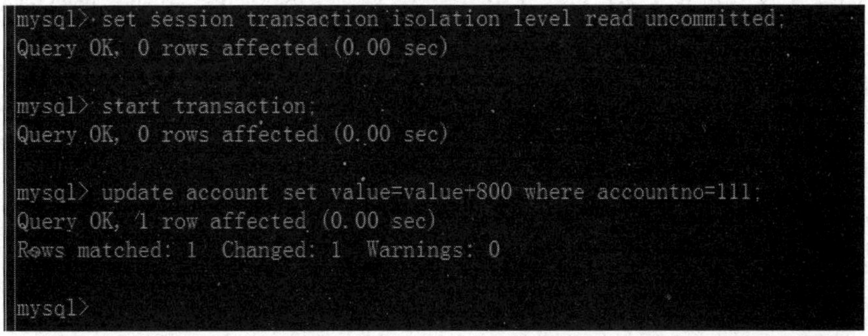

```
mysql> set session transaction isolation level read uncommitted;
Query OK, 0 rows affected (0.00 sec)

mysql> start transaction;
Query OK, 0 rows affected (0.00 sec)

mysql> update account set value=value+800 where accountno=111;
Query OK, 1 row affected (0.00 sec)
Rows matched: 1  Changed: 1  Warnings: 0

mysql>
```

图 6-14　在客户机 B 中将账号为“111”的账户余额增加 800，不提交事务

在 MySQL 客户机 A 中再一次查询账号为“111”的账户余额时其值为 2300，运行结果如图 6-15 所示。从运行结果中可以看出，MySQL 客户机 A 读到了客户机 B 未提交的更新结果，造成

脏读。

```
mysql> select * from account where accountno=111;
+-----------+-------+
| accountno | value |
+-----------+-------+
|       111 |  2300 |
+-----------+-------+
1 row in set (0.00 sec)
```

图 6-15　脏读结果

由于 MySQL 客户机 B 中的事务并没有提交，当关闭 MySQL 客户机 A 与客户机 B 后再次查询账号为"111"的账户余额，其值并没有发生变化仍为 1500。如图 6-16 所示。

```
mysql> use transaction_test;
Database changed
mysql> select * from account where accountno=111;
+-----------+-------+
| accountno | value |
+-----------+-------+
|       111 |  1500 |
+-----------+-------+
1 row in set (0.00 sec)
```

图 6-16　查询账号为"111"的账户余额

6.5.2　不可重复读

在同一个事务中，两条相同的查询语句其查询结果不一致。当一个事务访问数据时，另一个事务对该数据进行修改并提交，导致第一个事务两次读到的数据不一样。当事务的隔离级别设置为 read committed 时可以避免脏读，但可能会出现不可重复读。将事务的隔离级别设置为 repeatable read，则可以避免脏读和不可重复读。

【实例 6-6】将事务的隔离级别设置为 read committed 出现不可重复读。

（1）将 MySQL 客户机 A 与客户机 B 使用语句"set session transaction isolation level read committed;"，将它们的隔离级别都设置为 read committed。

（2）与例 6-5 相同，首先在 MySQL 客户机 A 中查询账号为"111"账户的余额。

（3）在 MySQL 客户机 B 中将账号为"111"账户余额增加 800，未提交事务时在 MySQL 客户机 A 中查询账号为"111"账户的余额，对比是否出现脏读。

（4）MySQL 客户机 B 中提交事务后，在 MySQL 客户机 A 中查询账号为"111"账户的余额，对比是否出现不可重复读。

在 MySQL 客户机 B 中设置事务的隔离级别并在事务中修改账户余额，但未提交事务，其运行结果如图 6-17 所示。

```
mysql> use transaction_test;
Database changed
mysql> set session transaction isolation level read committed;
Query OK, 0 rows affected (0.00 sec)

mysql> start transaction;
Query OK, 0 rows affected (0.00 sec)

mysql> update account set value=value+800 where accountno=111;
Query OK, 1 row affected (0.00 sec)
Rows matched: 1  Changed: 1  Warnings: 0

mysql>
```

图 6-17 将事务的隔离级别设置为 read committed

在 MySQL 客户机 A 中读取数据时，在客户机 B 中的事务开始前与开始后读到的数据相同，避免了脏读，其运行结果如图 6-18 所示。

```
Type 'help;' or '\h' for help. Type '\c' to clear the buffer.

mysql> use transaction_test;
Database changed
mysql> set session transaction isolation level read committed;
Query OK, 0 rows affected (0.00 sec)

mysql> start transaction;
Query OK, 0 rows affected (0.00 sec)

mysql> select * from account where accountno=111;
+-----------+-------+
| accountno | value |
+-----------+-------+
|       111 |  2300 |
+-----------+-------+
1 row in set (0.00 sec)

mysql> select * from account where accountno=111;
+-----------+-------+
| accountno | value |
+-----------+-------+
|       111 |  2300 |
+-----------+-------+
1 row in set (0.00 sec)
```

图 6-18 在客户机 B 中读取数据

在 MySQL 客户机 B 中当使用 commit 命令提交事务时，在客户机 A 中再次读取数据时读到的是事务提交后的数据，从而造成不可重复读。在客户机 A 中读到的数据如图 6-19 所示。

```
mysql> select * from account where accountno=111;
+-----------+-------+
| accountno | value |
+-----------+-------+
|       111 |  3100 |
+-----------+-------+
1 row in set (0.00 sec)
```

图 6-19 在客户机 B 中提交事务时，A 出现不可重复读

6.5.3 幻读

幻读是指当前事务读不到其他事务已经提交的修改。将事务的隔离级别设置为 repeatable read 可以避免脏读和不可重复读，但可能会出现幻读。将事务的隔离级别设置为 serializable，可以避免幻读。

【实例 6-7】将事务的隔离级别设置为 repeatable read 可以避免不可重复读，但可能会出现幻读。

（1）将 MySQL 客户机 A 与客户机 B 使用语句"set session transaction isolation level repeatable read;"，将它们的隔离级别都设置为 repeatable read。

（2）在 MySQL 客户机 A 中开启事务并查询账号为"999"的账户信息。

（3）在 MySQL 客户机 B 中开启事务，插入一条账户信息（999,700），然后提交事务。

（4）在 MySQL 客户机 A 中再次查账号为"999"的账户信息，判断是否可以避免不可重复读。

（5）在 MySQL 客户机 A 中插入账户信息（999,700），并判断是否可以插入。

将 MySQL 客户机 A 与客户机 B 的隔离级别设置为 repeatable read 后，在客户机 A 中查询账号为"999"的账户信息。由于 account 信息表中不存在该账户信息，查询结果为空，运行结果如图 6-20 所示。

```
mysql> set session transaction isolation level repeatable read;
Query OK, 0 rows affected (0.00 sec)

mysql> start transaction;
Query OK, 0 rows affected (0.00 sec)

mysql> select * from account where accountno=999;
Empty set (0.00 sec)
```

图 6-20 将事务的隔离级别设置为 repeatable read

在 MySQL 客户机 B 中开启事务，插入一条账户信息（999,700），然后提交事务，运行结果如图 6-21 所示。

在 MySQL 客户机 A 中再次查询账号为"999"的账户信息，查询结果仍为空，避免了不可重复读，运行结果如图 6-22 所示。

```
mysql> start transaction;
Query OK, 0 rows affected (0.00 sec)

mysql> insert into account values(999,700);
Query OK, 1 row affected (0.00 sec)

mysql> commit;
Query OK, 0 rows affected (0.00 sec)
```

图 6-21　在客户机 B 中开启并提交事务

```
mysql> select * from account where accountno=999;
Empty set (0.00 sec)

mysql> select * from account where accountno=999;
Empty set (0.00 sec)
```

图 6-22　在客户机 A 中查询账户信息为空

在 MySQL 客户机 A 中插入账户信息（999,700）时出现错误，提示已经存在该账户信息。当事务的隔离级别为 repeatable read 时，可能出现幻读，运行结果如图 6-23 所示。

```
mysql> insert into account values(999,700);
ERROR 1062 (23000): Duplicate entry '999' for key 1
mysql>
```

图 6-23　出现幻读

6.6　综合案例——银行转账业务的事务处理

1. 案例要求

在银行转账业务中，从汇款账号中减去指定金额，并将该金额添加到收款账号中。

上面转账业务中的两条 update 语句是一个整体，如果其中任何一条 update 语句执行失败，则两条 update 语句都应该撤销，从而保证转账前后的总金额不变。使用事务机制和错误处理机制来完成银行的转账业务，从而保证数据的一致性。

2. 实现过程及 MySQL 代码

创建存储过程 banktransfer_proc，将 withdraw 账号的 money 金额转账到 deposit 账号中，从而完成银行转账业务。当事务中的 update 语句出现错误时则进行回滚，如果执行成功则提交事务。存储过程中的输出参数 state 则为状态值，当事务成功执行时 state 值为 1，否则值为 -1。

MySQL 代码如下所示：

```
delimiter $$
create procedure banktransfer_proc(in withdraw int, in deposit int, in money int, out state int)
modifies sql data
begin
declare continue handler for 1264
begin
  rollback;
  set state=-1;
end;
set state=1;
start transaction;
update account set value=value+money where accountno=deposit;
update account set value=value-money where accountno=withdraw;
commit;
end
$$
delimiter ;
```

3. 案例运行结果

在完成账户"111"与账户"222"之间转账前,首先查看两个账户当前余额信息,两账户余额信息如图 6-24 所示。

```
mysql> select * from account;
+-----------+-------+
| accountno | value |
+-----------+-------+
|       111 |  2100 |
|       123 |   500 |
|       222 |  1500 |
|       333 |   500 |
```

图 6-24 两账户余额信息

当账户"111"向账户"222"转账 1 000 元时,设置存储过程参数并调用存储过程,具体命令如下所示:

```
set @withdraw=111;
set @deposit=222;
set @money=1000;
set @state=0;
call banktransfer_proc(@withdraw, @deposit, @money, @state);
```

上面转账过程成功执行,输出参数 state 值为 1,转账后参数 state 及两账户信息如图 6-25 所示。

第 6 章 事务管理

```
mysql> select * from account;
+-----------+-------+
| accountno | value |
+-----------+-------+
|       111 |  1100 |
|       123 |   500 |
|       222 |  2500 |
|       333 |   500 |
|       456 |  3500 |
|       555 |   500 |
|       666 |   500 |
|       999 |   700 |
+-----------+-------+
8 rows in set (0.00 sec)
```

图 6-25 转账后参数 state 及两账户信息

当账户 "111" 再次向账户 "222" 转账 2 000 元时,设置存储过程参数并调用存储过程,具体命令如下所示:

```
set @withdraw=111;
set @deposit=222;
set @money=2000;
set @state=0;
call banktransfer_proc(@withdraw, @deposit, @money, @state);
```

由于账户 "111" 当前余额不足 2 000,所以转账时发生错误。在对错误处理时,将输出参数 state 设置为 -1,并将事务进行回滚,回滚后两账户余额不发生变化。转账失败后参数 state 及两账户信息如图 6-26 所示。

```
mysql> select @state;
+--------+
| @state |
+--------+
|     -1 |
+--------+
1 row in set (0.00 sec)

mysql> select * from account;
+-----------+-------+
| accountno | value |
+-----------+-------+
|       111 |  1100 |
|       123 |   500 |
|       222 |  2500 |
|       333 |   500 |
```

图 6-26 转账失败后参数 state 及两账户信息

小　结

　　本章花了比较大的篇幅对事务机制、事务的提交及回滚和事务的特征与隔离进行了介绍，还给出事务提交、回滚的实例以供读者理解，对于多用户使用中会出现的脏读、不可重复读、幻读问题也分别进行了论述并提供了相关实例及避免方法。读者通过实例可以体会事务管理的相关方法。

经 典 习 题

1. 什么叫做事务？
2. 事务必须具有的四大特性是什么？
3. 如何更改默认的事务提交？
4. 事务的隔离级别有哪几个？

第 7 章

MySQL 连接器 JDBC 和连接池

数据库连接池的基本思路是平时建立适量的数据库的连接，放在一个集合中，当有用户需要建立数据库连接的时候，直接到集合中取出一个数据库连接对象（Connection），这样不用再需要重新创建，这样会节省大量的资源，当用户不需要在对数据库进行访问了，那么就将数据库连接对象重新放回到集合中，以便方便下次使用。JDBC（Java Database Connectivity）就是 Java 数据库互连，即用 Java 语言向数据库发送 SQL 语句来操作数据库。本章将介绍 MySQL 连接 JDBC 的相关知识。

学习目标

- 熟悉连接器的概念
- 掌握数据库连接过程
- 熟悉 JDBC 对象数据库操作

7.1 MySQL 连接器

Java 数据库互连（Java Database Connectivity，JDBC）是一种用于执行 SQL 语句的 Java 应用程序接口（Application Programming Interface，API），可以为多种关系型数据库提供统一访问。

Java 应用程序访问数据库的一般过程如图 7-1 所示。

JDBC 的基本功能如下：

- 建立与数据库的连接。
- 向数据库发送 SQL 语句。
- 处理从数据库返回的结果。

常见的 JDBC 驱动程序可分为 4 种类型：

- JDBC-ODBC 桥驱动。

- 本地 API 驱动。
- 网络协议驱动。
- 本地协议驱动。

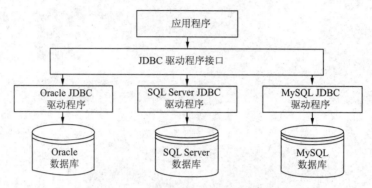

图 7-1　Java 应用程序访问数据库的过程

7.2 MySQL 数据库连接过程

JDBC 是一种底层 API，不能直接访问数据库。要通过 JDBC 来访问某一特定的数据库，必须依赖于相应数据库供应商提供的 JDBC 驱动程序。JDBC 驱动程序是连接 JDBC API 与具体数据库之间的桥梁。下载的 JDBC 驱动包，对于普通的 Java 应用程序，只需要将 JDBC 驱动包引入项目即可。对于 Java Web 应用，通常将 JDBC 驱动包放置在项目的 WEB-INF/lib 目录下。

JDBC 连接 MySQL 数据库步骤如下：

1. 加载 JDBC 驱动程序

加载驱动程序的方法是使用 java.lang.Class 类的静态方法 forName(String className)。"Class.forName("com.mysql.jdbc.Driver");" 若加载成功，系统将加载的驱动程序注册到 DriverManager 类中。如果加载失败，将抛出 ClassNotFoundException 异常，即未找到指定的驱动类。加载 MySQL 驱动程序的完整代码如下：

```
try {
    Class.forName("com.mysql.jdbc.Driver");
} catch (ClassNotFoundException ex) {
    System.out.println("加载数据库驱动时抛出异常！");
    ex.printStackTrace();
}
```

2. 创建数据库连接

Connection 接口代表与数据库的连接，只有建立了连接，用户程序才能操作数据库。一个应用程序可与单个数据库有一个或多个连接，也可以与多个数据库有连接。与数据库建立连接的方法是调用 DriverManager 类的 getConnection() 方法。getConnection() 方法的返回值类型为 java.sql.Connection，如果连接数据库失败，将抛出 SQLException 异常，其调用方法如下：

```
    Connection conn= DriverManager.getConnection(String url, String userName,
String password);
```

依次指定要连接数据库的路径、用户名与密码，即可创建数据库连接对象。若要连接 BookStore 数据库，则连接数据库路径的写法为"jdbc:mysql://localhost:3306/bookstore"，也可以采用带数据库数据编码格式的方式：

```
jdbc:mysql://localhost:3306/bookstore?useUnicode=true&characterEncoding=
gb2312;
//连接 BookStore 数据库的代码 (用户名 root, 密码 123456)
try {
    String url ="jdbc:mysql://localhost:3306/bookstore";
    String user="root";              //访问数据库的用户名
    String password="123456";        //访问数据库的密码
    Connection conn= DriverManager.getConnection(url,user,password);
    System.out.println(" 连接数据库成功! ");
} catch (SQLException ex) {
    System.out.println(" 连接数据库失败! ");
    ex.printStackTrace();
}
```

3. 创建 Statement 对象

连接数据库后，要执行 SQL 语句，必须创建一个 Statement 对象。

1) 创建 Statement 对象

利用 Connection 接口的 createStatement() 方法可以创建 Statement 对象，用来执行静态的 SQL 语句，代码如下：

```
    Statement stmt=conn.createStatement();        //conn 为数据库连接对象
```

2) 创建 PreparedStatement 对象

利用 Connection 接口的 prepareStatement(String sql) 方法可以创建 preparedStatement 对象，用来执行动态的 SQL 语句。假设已经创建了数据库连接对象 conn，创建 preparedStatement 对象 pstmt 的代码如下：

```
    String sql = "select * from users where u_id>? and u_sex=?";PreparedStatement
pstmt = conn.prepareStatement(sql);
```

在执行该 SQL 语句前，需要对每个输入参数进行设置，设置参数的语法格式为：

```
    pstmt.setXxx(position,value);
```

若设置参数 u_id 的值为 3, u_sex 的值为"女"，代码如下：

```
    pstmt.setInt(1,3);
    pstmt.setString(2,"女");
```

4. 执行 SQL 语句

创建 Statement 对象后，就可以利用该对象的相应方法来执行 SQL 语句，实现对数据库的具体操作。Statement 对象的常用方法有 executeQuery()、executeUpdate() 等。

ResultSet executeQuery(String sql) 方法用于执行产生单个结果集的 SQL 语句，如 SELECT 语句，该方法返回一个结果集 ResultSet 对象。

int executeUpdate(String sql) 方法用于执行 INSERT、UPDATE 或 DELETE 语句以及 SQL DDL（数据定义语言）语句。该方法的返回值是一个整数，表示受影响的行数。对于 CREATE TABLE 或 DROP TABLE 等不操作数据行的语句，返回值为 0。

假设已经创建了 Statement 对象 stmt，查询 users 表中的所有记录，并将查询结果保存到 ResultSet 对象 rs 中，则代码如下：

```
String sql = "select * from users";
ResultSet rs= stmt.executeQuery(sql);
```

若要删除 users 表中 u_id 为 7 的记录，则代码如下：

```
String sql = "delete from users where u_id=7";
int rows= stmt.executeUpdate(sql);
```

PreparedStatement 对象也可以调用 executeQuery() 和 executeUpdate() 两个方法，但都不需要带参数。若要删除 users 表中 u_id 为 7 的记录，则代码如下：

```
String sql = "delete from users where u_id=?";
PreparedStatement pstmt = conn.prepareStatement(sql);
pstmt.setInt(1,7);
int rows= pstmt.executeUpdate ();
```

5. 处理执行 SQL 语句的返回结果

使用 Statement 对象的 executeQuery() 方法执行一条 SELECT 语句后，会返回一个 ResultSet 对象。ResultSet 对象保存查询的结果集，调用 ResultSet 对象的相应方法就可以对结果集中的数据行进行处理。

ResultSet 对象的常用方法有以下两种：

boolean next()：ResultSet 对象具有指向当前数据行的指针，指针最初指向第一行之前，使用 next() 方法可以将指针移动到下一行。如果没有下一行时，则返回 false。

getXxx(列名或列索引)：该方法可获取所在行指定列的值。其中，Xxx 指的是列的数据类型。若使用列名作为参数，则 getString("name")，表示获取当前行列名为"name"的列值。列索引值从 1 开始编号，如第 2 列对应的索引值为 2。

若要获取 users 表中第一条记录的基本信息，代码如下：

```
String sql = "select * from users";
ResultSet rs=stmt. executeQuery(sql);
rs.next();
int u_id=rs.getInt(1);
// 或 int u_id=rs.getInt("u_id");
String u_name=rs.getString(2);
String u_sex=rs.getString("u_sex");
```

6. 关闭连接

连接数据库过程中创建的 Connection 对象、Statement 对象和 ResultSet 对象，都占用一定的 JDBC 资源。当完成对数据库的访问之后，应及时关闭这些对象，以释放所占用的资源。这些对象都提供了 close() 方法，关闭对象的次序与创建对象的次序正相反，因此关闭对象的代码如下：

```
rs.close();
stmt.close();
conn.close();
```

7.3 JDBC 对象数据库操作

7.3.1 增加数据

JDBC 提供了两种实现增加数据的操作方法：
- 使用 Statement 对象提供的带参数的 executeUpdate() 方法；
- 通过 preparedStatement 对象提供的无参数的 executeUpdate() 方法。

JDBC 也提供了两种实现修改数据库中已有数据的方法，同实现增加数据操作的方法基本相同，只不过是使用 UPDATE 命令来实现更新操作。

7.3.2 修改数据

使用 Statement 对象实现修改 users 表中用户名为 zhangping 的用户，将其密码修改为 654321，其关键代码如下：

```
Statement stmt = conn.createStatement();
String sql = "update users set u_pwd='654321' where u_name='zhangping'";
int temp = stmt.executeUpdate(sql);
```

使用 preparedStatement 对象实现修改 users 表中用户名为 zhangping1 的用户，将其密码修改为 654321，其关键代码如下：

```
String sql = "update users set u_pwd=? where u_name=?";
PreparedStatement pstmt = conn.prepareStatement(sql);
pstmt.setString(1, "654321");
pstmt.setString(2, "zhangping1");
int temp =pstmt.executeUpdate();
```

7.3.3 删除数据

使用 Statement 对象实现删除 users 表中用户名为 zhangping 的用户，其关键代码如下：

```
Statement stmt = conn.createStatement();
String sql ="delete from users where u_name='zhangping'";
int temp = stmt.executeUpdate(sql);
```

使用 PreparedStatement 对象实现删除 users 表中用户名为 zhangping1 的用户，其关键代码如下：

```
String sql = "delete from users where u_name=?";
PreparedStatement pstmt  = conn.prepareStatement(sql);
pstmt.setString(1, "zhangping1");
int temp =pstmt.executeUpdate();
```

7.3.4 查询数据

JDBC 同样提供了两种实现数据查询的方法：
- 使用 Statement 对象提供的带参数的 executeQuery() 方法；
- 通过 preparedStatement 对象提供的无参数的 executeQuery() 方法。

使用 SELECT 命令实现对数据的查询操作，查询的结果集使用 ResultSet 对象保存。

7.3.5 批处理

JDBC 使用 Statement 对象和 PreparedStatement 对象的相应方法实现批处理，其实现步骤如下：

(1) 使用 addBatch(sql) 方法，将需要执行的 SQL 命令添加到批处理中。
(2) 使用 executeBatch() 方法，执行批处理命令。
(3) 使用 clearBatch() 方法，清空批处理队列。

使用 JDBC 实现批处理有以下三种方法：

1. 批量执行静态 SQL

使用 Statement 对象的 addBatch() 方法可以批量执行静态 SQL。优点是可以向数据库发送多条不同的 SQL 语句。缺点是 SQL 语句没有预编译，执行效率较低，并且当向数据库发送多条语句相同，但仅参数不同的 SQL 语句时，需重复使用多条相同的 SQL 语句。

2. 批量执行动态 SQL

批量执行动态 SQL，需要使用 preparedStatement 对象的 addBatch() 方法来实现批处理。优点是发送的是预编译后的 SQL 语句，执行效率高。缺点是只能应用在 SQL 语句相同，但参数不同的批处理中。因此此种形式的批处理经常用于在同一个表中批量更新表中的数据。

3. 批量执行混合模式的 SQL

使用 preparedStatement 对象的 addBatch() 方法还可以实现混合模式的批处理，既可以执行批量执行动态 SQL，同时也可以批量执行静态 SQL。

7.4 开源连接池

数据库连接池的基本思想就是为数据库连接建立一个缓冲池，预先在缓冲池中放入一定数量的连接。当需要建立数据库连接时，只需从缓冲池中取出一个，使用完毕之后再放回去。

数据源（Data Source）是目前 Web 开发中获取数据库连接的首选方法。这种方法是首先创建一个数据源对象，由数据源对象事先建立若干连接对象，通过连接池管理这些连接对象。

JNDI 是一种将名称和对象绑定的技术，对象开发商负责创建对象，这些对象都和唯一的名称绑定，应用程序可以通过名称来获得某个对象的访问。

在 Tomcat 服务器下配置 MySQL 数据库连接池的方法如下：

(1) 将 MySQL 数据库的 JDBC 驱动程序包复制到 Tomcat 安装路径下的 lib 文件夹中。
(2) 配置数据源。配置 Tomcat 根目录下 conf 文件夹中的文件 context.xml。
(3) 在应用程序中使用数据源。配置数据源后，就可以使用 javax.naming.Context 接口的 lookup() 方法来查找 JNDI 数据源。

7.5 综合案例——学生选课系统

1. 开发环境：jdk 7+MySQL 5+Windows 7

代码结构：model-dao-view

2. 数据库设计——建库建表语句

```sql
CREATE DATABASE student;

DROP TABLE IF EXISTS 'admin';
CREATE TABLE 'admin' (
 'id' int(11) NOT NULL AUTO_INCREMENT,
 'name' varchar(20) NOT NULL,
 'username' varchar(20) NOT NULL,
 'password' varchar(20) NOT NULL,
 PRIMARY KEY ('id')
) ENGINE=InnoDB AUTO_INCREMENT=2 DEFAULT CHARSET=utf8;

LOCK TABLES 'admin' WRITE;
INSERT INTO 'admin' VALUES (1,'admin','admin','admin');
UNLOCK TABLES;

DROP TABLE IF EXISTS 'student';
CREATE TABLE 'student' (
 'id' int(11) NOT NULL AUTO_INCREMENT,
 'name' varchar(20) NOT NULL,
 'sno' varchar(20) NOT NULL,
 'department'varchar(20) NOT NULL,
 'hometown' varchar(20) NOT NULL,
 'mark' varchar(20) NOT NULL,
 'email' varchar(20) NOT NULL,
 'tel' varchar(20) NOT NULL,
 'sex' varchar(20) NOT NULL,
 PRIMARY KEY ('id')
) ENGINE=InnoDB AUTO_INCREMENT=22 DEFAULT CHARSET=utf8;
```

```
    LOCK TABLES 'student'WRITE;
    INSERT INTO 'student' VALUES (18,'张三','001','信息科学技术学院','辽宁
','80','zhangsan@163.com','13888888888','男'),(19,'李四','002','理学院','上海
','70','lisi@sina.com','13812341234','男'),(20,'王五','003','外国语学院','北京
','88','wangwu@126.com','13698765432','女');
    UNLOCK TABLES;
```

3. model——管理员、学生

```
package com.student.model;

/**
 * 模块说明：admin
 *
 */
public class Admin {
    private int id;
    private String name;
    private String username;
    private String password;

    public String getName() {
        return name;
    }

    public void setName(String name) {
        this.name = name;
    }

    public int getId() {
        return id;
    }

    public void setId(int id) {
        this.id = id;
    }

    public String getUsername() {
        return username;
    }

    public void setUsername(String username) {
        this.username = username;
    }
```

```java
public String getPassword() {
return password;
}

public void setPassword(String password) {
this.password = password;
}
}
```

4. 工具类 DBUtil（对 JDBC 进行封装）

```java
package com.student.util;

import java.sql.Connection;
import java.sql.DriverManager;
import java.sql.PreparedStatement;
import java.sql.ResultSet;
import java.sql.SQLException;

import com.student.AppConstants;

/**
 * 模块说明：数据库工具类
 *
 */
public class DBUtil {
 private static DBUtil db;

 private Connection conn;
 private PreparedStatement ps;
 private ResultSet rs;

 private DBUtil() {

 }

 public static DBUtil getDBUtil() {
 if (db == null) {
  db = new DBUtil();
 }
 return db;
 }
```

```java
public int executeUpdate(String sql) {
int result = -1;
if (getConn() == null) {
 return result;
}
try {
 ps = conn.prepareStatement(sql);
 result = ps.executeUpdate();
} catch (SQLException e) {
 e.printStackTrace();
}
return result;
}

public int executeUpdate(String sql, Object[] obj) {
int result = -1;
if (getConn() == null) {
 return result;
}
try {
 ps = conn.prepareStatement(sql);
 for (int i = 0; i < obj.length; i++) {
 ps.setObject(i + 1, obj[i]);
 }
 result = ps.executeUpdate();
 close();
} catch (SQLException e) {
 e.printStackTrace();
}
return result;
}

public ResultSet executeQuery(String sql) {
if (getConn() == null) {
 return null;
}
try {
 ps = conn.prepareStatement(sql);
 rs = ps.executeQuery();
} catch (SQLException e) {
 e.printStackTrace();
}
```

```java
  return rs;
  }

  public ResultSet executeQuery(String sql, Object[] obj) {
  if (getConn() == null) {
   return null;
  }
  try {
   ps = conn.prepareStatement(sql);
   for (int i = 0; i < obj.length; i++) {
    ps.setObject(i + 1, obj[i]);
   }
   rs = ps.executeQuery();
  } catch (SQLException e) {
   e.printStackTrace();
  }

  return rs;
  }

  private Connection getConn() {
  try {
   if (conn == null || conn.isClosed()) {
    Class.forName(AppConstants.JDBC_DRIVER);
    conn = DriverManager.getConnection(AppConstants.JDBC_URL, AppConstants.JDBC_USERNAME,
     AppConstants.JDBC_PASSWORD);
   }
  } catch (ClassNotFoundException e) {
   System.out.println( "jdbc driver is not found." );
   e.printStackTrace();
  } catch (SQLException e) {
   e.printStackTrace();
  }
  return conn;
  }

  public void close() {
  try {
   if (rs != null) {
    rs.close();
   }
```

```java
      if (ps != null) {
       ps.close();
      }
      if (conn != null) {
       conn.close();
      }
     } catch (SQLException e) {
      e.printStackTrace();
     }
    }
   }
```

5. DAO：主要调用 DBUtil 操作相应的 model（增加、删除、修改、查询）

```java
BaseDAO.java
package com.student.base;
import java.sql.ResultSet;
import java.sql.SQLException;
import com.student.DAO;
import com.student.dao.AdminDAO;
import com.student.dao.StudentDAO;
import com.student.util.DBUtil;
/**
 * 模块说明：DAO 基类
 *
 */
public abstract class BaseDAO {
 protected final DBUtil db = DBUtil.getDBUtil();
 protected ResultSet rs;
 private static BaseDAO baseDAO;

 public BaseDAO() {
  init();
 }

 private void init() {
  // buildAbilityDAO();
 }

 // protected abstract void buildAbilityDAO();

 public static synchronized BaseDAO getAbilityDAO(DAO dao) {
  switch (dao) {
  case AdminDAO:
```

```java
            if (baseDAO == null || baseDAO.getClass() != AdminDAO.class) {
                baseDAO = AdminDAO.getInstance();
            }
            break;
        case StudentDAO:
            if (baseDAO == null || baseDAO.getClass() != StudentDAO.class) {
                baseDAO = StudentDAO.getInstance();
            }
            break;
        default:
            break;
    }
    return baseDAO;
}

protected void destroy() {
    try {
        if (rs != null) {
            rs.close();
        }
    } catch (SQLException se) {
        se.printStackTrace();
    } finally {
        db.close();
    }
}
}
```
AdminDAO.java
```java
package com.student.dao;
import java.sql.SQLException;
import com.student.base.BaseDAO;

/**
 * 模块说明：管理员增删改查
 *
 */
public class AdminDAO extends BaseDAO {

    private static AdminDAO ad = null;

    public static synchronized AdminDAO getInstance() {
        if (ad == null) {
```

```java
        ad = new AdminDAO();
    }
    return ad;
}

public boolean queryForLogin(String username, String password) {
    boolean result = false;
    if (username.length() == 0 || password.length() == 0) {
        return result;
    }
    String sql = "select * from admin where username=? and password=?";
    String[] param = { username, password };
    rs = db.executeQuery(sql, param);
    try {
        if (rs.next()) {
            result = true;
        }
    } catch (SQLException e) {
        e.printStackTrace();
    } finally {
        destroy();
    }
    return result;
}

}
```
StudentDAO.java
```java
package com.student.dao;

import java.sql.ResultSet;
import java.sql.SQLException;
import java.util.ArrayList;
import java.util.List;

import com.student.base.BaseDAO;
import com.student.model.Student;

/**
 * 模块说明：学生增删改查
 *
 */
public class StudentDAO extends BaseDAO {
```

```java
private final int fieldNum = 9;
private final int showNum = 15;
private static StudentDAO sd = null;

public static synchronized StudentDAO getInstance() {
if (sd == null) {
 sd = new StudentDAO();
}
return sd;
}

// update
public boolean update(Student stu) {
boolean result = false;
if (stu == null) {
 return result;
}
try {
 // check
 if (queryBySno(stu.getSno()) == 0) {
 return result;
 }
 // update
 String sql = "update student set sex=?,department=?,email=?,tel=?,hometown=?,mark=? where name=? and sno=?" ;
  String[] param = { stu.getSex(), stu.getDepartment(), stu.getEmail(), stu.getTel(), stu.getHomeTown(),
   stu.getMark(), stu.getName(), stu.getSno() };
 int rowCount = db.executeUpdate(sql, param);
 if (rowCount == 1) {
 result = true;
 }
} catch (SQLException se) {
 se.printStackTrace();
} finally {
 destroy();
}
return result;
}

// delete
public boolean delete(Student stu) {
```

```java
    boolean result = false;
    if (stu == null) {
     return result;
    }
    String sql = "delete from student where name=? and sno=?";
    String[] param = { stu.getName(), stu.getSno() };
    int rowCount = db.executeUpdate(sql, param);
    if (rowCount == 1) {
     result = true;
    }
    destroy();
    return result;
    }

    // add
    public boolean add(Student stu) {
    boolean result = false;
    if (stu == null) {
     return result;
    }
    try {
     // check
     if (queryBySno(stu.getSno()) == 1) {
     return result;
     }
     // insert
     String sql = "insert into student(name,sno,sex,department,hometown,mark,email,tel) values(?,?,?,?,?,?,?,?)";
      String[] param = { stu.getName(), stu.getSno(), stu.getSex(), stu.getDepartment(), stu.getHomeTown(),
        stu.getMark(), stu.getEmail(), stu.getTel() };
     if (db.executeUpdate(sql, param) == 1) {
     result = true;
     }
    } catch (SQLException se) {
     se.printStackTrace();
    } finally {
     destroy();
    }
    return result;
    }
```

```java
// query by name
public String[][] queryByName(String name) {
String[][] result = null;
if (name.length() < 0) {
 return result;
}
List<Student> stus = new ArrayList<Student>();
int i = 0;
String sql = "select * from student where name like ?";
String[] param = { "%" + name + "%" };
rs = db.executeQuery(sql, param);
try {
 while (rs.next()) {
 buildList(rs, stus, i);
 i++;
 }
 if (stus.size() > 0) {
 result = new String[stus.size()][fieldNum];
 for (int j = 0; j < stus.size(); j++) {
  buildResult(result, stus, j);
 }
 }
} catch (SQLException se) {
 se.printStackTrace();
} finally {
 destroy();
}

return result;
}

// query
public String[][] list(int pageNum) {
String[][] result = null;
if (pageNum < 1) {
 return result;
}
List<Student> stus = new ArrayList<Student>();
int i = 0;
int beginNum = (pageNum - 1) * showNum;
String sql = "select * from student limit ?,?";
Integer[] param = { beginNum, showNum };
```

```java
    rs = db.executeQuery(sql, param);
    try {
     while (rs.next()) {
     buildList(rs, stus, i);
     i++;
     }
     if (stus.size() > 0) {
     result = new String[stus.size()][fieldNum];
     for (int j = 0; j < stus.size(); j++) {
      buildResult(result, stus, j);
     }
     }
    } catch (SQLException se) {
     se.printStackTrace();
    } finally {
     destroy();
    }

    return result;
    }

    // 将rs记录添加到list中
    private void buildList(ResultSet rs, List<Student> list, int i) throws SQLException {
    Student stu = new Student();
    stu.setId(i + 1);
    stu.setName(rs.getString("name"));
    stu.setDepartment(rs.getString("department"));
    stu.setEmail(rs.getString("email"));
    stu.setHomeTown(rs.getString("hometown"));
    stu.setMark(rs.getString("mark"));
    stu.setSex(rs.getString("sex"));
    stu.setSno(rs.getString("sno"));
    stu.setTel(rs.getString("tel"));
    list.add(stu);
    }

    // 将list中记录添加到二维数组中
    private void buildResult(String[][] result, List<Student> stus, int j) {
    Student stu = stus.get(j);
    result[j][0] = String.valueOf(stu.getId());
    result[j][1] = stu.getName();
```

```
result[j][2] = stu.getSno();
result[j][3] = stu.getSex();
result[j][4] = stu.getDepartment();
result[j][5] = stu.getHomeTown();
result[j][6] = stu.getMark();
result[j][7] = stu.getEmail();
result[j][8] = stu.getTel();
}

// query by sno
private int queryBySno(String sno) throws SQLException {
int result = 0;
if ( "".equals(sno) || sno == null) {
 return result;
}
String checkSql = "select * from student where sno=?";
String[] checkParam = { sno };
rs = db.executeQuery(checkSql, checkParam);
if (rs.next()) {
 result = 1;
}
return result;
}
 }
```

6. View：与用户交互的界面（包括 LoginView.java、MainView.java、AddView.java、DeleteView.java、UpdateView.java），主要使用 DAO 提供的接口，由于篇幅原因，仅列出 MainView 即首页。

```
package com.student.view;

import java.awt.BorderLayout;
import java.awt.GridLayout;
import java.awt.event.ActionEvent;
import java.awt.event.ActionListener;
import java.awt.event.KeyAdapter;
import java.awt.event.KeyEvent;

import javax.swing.JButton;
import javax.swing.JFrame;
import javax.swing.JLabel;
import javax.swing.JPanel;
import javax.swing.JScrollPane;
import javax.swing.JTable;
import javax.swing.JTextField;
```

```java
import javax.swing.table.DefaultTableCellRenderer;
import javax.swing.table.DefaultTableModel;
import javax.swing.table.TableColumn;

import com.student.AppConstants;
import com.student.DAO;
import com.student.base.BaseDAO;
import com.student.dao.StudentDAO;

/**
 * 模块说明：首页
 *
 */
public class MainView extends JFrame {

    private static final long serialVersionUID = 5870864087464173884L;

    private final int maxPageNum = 99;

    private JPanel jPanelNorth, jPanelSouth, jPanelCenter;
    private JButton jButtonFirst, jButtonLast, jButtonNext, jButtonPre, jButtonAdd, jButtonDelete, jButtonUpdate,
        jButtonFind;
    private JLabel currPageNumJLabel;
    private JTextField condition;
    public static JTable jTable;
    private JScrollPane jScrollPane;
    private DefaultTableModel myTableModel;

    public static String[] column = { "id", AppConstants.STUDENT_NAME, AppConstants.STUDENT_SNO,
        AppConstants.STUDENT_SEX, AppConstants.STUDENT_DEPARTMETN, AppConstants.STUDENT_HOMETOWN,
        AppConstants.STUDENT_MARK, AppConstants.STUDENT_EMAIL, AppConstants.STUDENT_TEL };
    public static int currPageNum = 1;

    public MainView() {
        init();
    }

    private void init() {
```

```java
setTitle(AppConstants.MAINVIEW_TITLE);

// north panel
jPanelNorth = new JPanel();
jPanelNorth.setLayout(new GridLayout(1, 5));
condition = new JTextField(AppConstants.PARAM_FIND_CONDITION);
condition.addKeyListener(new FindListener());
jPanelNorth.add(condition);
// query by name
jButtonFind = new JButton(AppConstants.PARAM_FIND);
jButtonFind.addActionListener(new ActionListener() {
@Override
public void actionPerformed(ActionEvent e) {
find();
}
});
jButtonFind.addKeyListener(new FindListener());
// add
jPanelNorth.add(jButtonFind);
jButtonAdd = new JButton(AppConstants.PARAM_ADD);
jButtonAdd.addActionListener(new ActionListener() {
@Override
public void actionPerformed(ActionEvent e) {
new AddView();
}
});
jPanelNorth.add(jButtonAdd);
// delete
jButtonDelete = new JButton(AppConstants.PARAM_DELETE);
jButtonDelete.addActionListener(new ActionListener() {
@Override
public void actionPerformed(ActionEvent e) {
new DeleteView();
}
});
jPanelNorth.add(jButtonDelete);
// update
jButtonUpdate = new JButton(AppConstants.PARAM_UPDATE);
jButtonUpdate.addActionListener(new ActionListener() {
@Override
public void actionPerformed(ActionEvent e) {
new UpdateView();
```

```java
        }
    });
    jPanelNorth.add(jButtonUpdate);

    // center panel
    jPanelCenter = new JPanel();
    jPanelCenter.setLayout(new GridLayout(1, 1));

    // init jTable
    String[][] result = ((StudentDAO) BaseDAO.getAbilityDAO(DAO.StudentDAO)).list(currPageNum);
    myTableModel = new DefaultTableModel(result, column);
    jTable = new JTable(myTableModel);
    DefaultTableCellRenderer cr = new DefaultTableCellRenderer();
    cr.setHorizontalAlignment(JLabel.CENTER);
    jTable.setDefaultRenderer(Object.class, cr);
    initJTable(jTable, result);

    jScrollPane = new JScrollPane(jTable);
    jPanelCenter.add(jScrollPane);

    // south panel
    jPanelSouth = new JPanel();
    jPanelSouth.setLayout(new GridLayout(1, 5));

    jButtonFirst = new JButton(AppConstants.MAINVIEW_FIRST);
    jButtonFirst.addActionListener(new ActionListener() {
        @Override
        public void actionPerformed(ActionEvent e) {
            currPageNum = 1;
            String[][] result = ((StudentDAO) BaseDAO.getAbilityDAO(DAO.StudentDAO)).list(currPageNum);
            initJTable(jTable, result);
            currPageNumJLabel.setText(AppConstants.MAINVIEW_PAGENUM_JLABEL_DI + currPageNum
                + AppConstants.MAINVIEW_PAGENUM_JLABEL_YE);
        }
    });
    jButtonPre = new JButton(AppConstants.MAINVIEW_PRE);
    jButtonPre.addActionListener(new ActionListener() {

        @Override
```

```java
    public void actionPerformed(ActionEvent e) {
    currPageNum--;
    if (currPageNum <= 0) {
     currPageNum = 1;
    }
     String[][] result = ((StudentDAO) BaseDAO.getAbilityDAO(DAO.StudentDAO)).
list(currPageNum);
     initJTable(jTable, result);
     currPageNumJLabel.setText(AppConstants.MAINVIEW_PAGENUM_JLABEL_DI +
currPageNum
      + AppConstants.MAINVIEW_PAGENUM_JLABEL_YE);
    }
    });
    jButtonNext = new JButton(AppConstants.MAINVIEW_NEXT);
    jButtonNext.addActionListener(new ActionListener() {
    @Override
    public void actionPerformed(ActionEvent e) {
    currPageNum++;
    if (currPageNum > maxPageNum) {
     currPageNum = maxPageNum;
    }
     String[][] result = ((StudentDAO) BaseDAO.getAbilityDAO(DAO.StudentDAO)).
list(currPageNum);
     initJTable(jTable, result);
     currPageNumJLabel.setText(AppConstants.MAINVIEW_PAGENUM_JLABEL_DI +
currPageNum
      + AppConstants.MAINVIEW_PAGENUM_JLABEL_YE);
    }
    });
    jButtonLast = new JButton(AppConstants.MAINVIEW_LAST);
    jButtonLast.addActionListener(new ActionListener() {
    @Override
    public void actionPerformed(ActionEvent e) {
    currPageNum = maxPageNum;
     String[][] result = ((StudentDAO) BaseDAO.getAbilityDAO(DAO.StudentDAO)).
list(currPageNum);
     initJTable(jTable, result);
     currPageNumJLabel.setText(AppConstants.MAINVIEW_PAGENUM_JLABEL_DI +
currPageNum
      + AppConstants.MAINVIEW_PAGENUM_JLABEL_YE);
    }
    });
```

```java
        currPageNumJLabel = new JLabel(
        AppConstants.MAINVIEW_PAGENUM_JLABEL_DI + currPageNum + AppConstants.
MAINVIEW_PAGENUM_JLABEL_YE);
        currPageNumJLabel.setHorizontalAlignment(JLabel.CENTER);

        jPanelSouth.add(jButtonFirst);
        jPanelSouth.add(jButtonPre);
        jPanelSouth.add(currPageNumJLabel);
        jPanelSouth.add(jButtonNext);
        jPanelSouth.add(jButtonLast);

        this.add(jPanelNorth, BorderLayout.NORTH);
        this.add(jPanelCenter, BorderLayout.CENTER);
        this.add(jPanelSouth, BorderLayout.SOUTH);

        setBounds(400, 200, 750, 340);
        setResizable(false);
        setDefaultCloseOperation(DISPOSE_ON_CLOSE);
        setVisible(true);
    }

    public static void initJTable(JTable jTable, String[][] result) {
        ((DefaultTableModel) jTable.getModel()).setDataVector(result, column);
        jTable.setRowHeight(20);
        TableColumn firsetColumn = jTable.getColumnModel().getColumn(0);
        firsetColumn.setPreferredWidth(30);
        firsetColumn.setMaxWidth(30);
        firsetColumn.setMinWidth(30);
        TableColumn secondColumn = jTable.getColumnModel().getColumn(1);
        secondColumn.setPreferredWidth(60);
        secondColumn.setMaxWidth(60);
        secondColumn.setMinWidth(60);
        TableColumn thirdColumn = jTable.getColumnModel().getColumn(2);
        thirdColumn.setPreferredWidth(90);
        thirdColumn.setMaxWidth(90);
        thirdColumn.setMinWidth(90);
        TableColumn fourthColumn = jTable.getColumnModel().getColumn(3);
        fourthColumn.setPreferredWidth(30);
        fourthColumn.setMaxWidth(30);
        fourthColumn.setMinWidth(30);
        TableColumn seventhColumn = jTable.getColumnModel().getColumn(6);
```

```
seventhColumn.setPreferredWidth(30);
seventhColumn.setMaxWidth(30);
seventhColumn.setMinWidth(30);
TableColumn ninthColumn = jTable.getColumnModel().getColumn(8);
ninthColumn.setPreferredWidth(90);
ninthColumn.setMaxWidth(90);
ninthColumn.setMinWidth(90);
}

private class FindListener extends KeyAdapter {

@Override
public void keyPressed(KeyEvent e) {
if (e.getKeyCode() == KeyEvent.VK_ENTER) {
find();
}
}
}

private void find() {
currPageNum = 0;
String param = condition.getText();
if ( "".equals(param) || param == null) {
initJTable(MainView.jTable, null);
currPageNumJLabel.setText(AppConstants.MAINVIEW_FIND_JLABEL);
return;
}
 String[][] result = ((StudentDAO) BaseDAO.getAbilityDAO(DAO.StudentDAO)).queryByName(param);
    condition.setText( "" );
    initJTable(MainView.jTable, result);
    currPageNumJLabel.setText(AppConstants.MAINVIEW_FIND_JLABEL);
  }
   }
```

小　　结

本章花了比较大的篇幅对 MySQL 连接器与连接过程进行了介绍，对几种数据库操作利用实例即具体代码进行了讲解。读者通过练习实例以及课后习题体会 MySQL 连接 JDBC 的方法。

经 典 习 题

1. JDBC 的基本功能是什么？
2. 什么是连接池？
3. 数据库连接过程有哪几个？
4. 连接池的实现方式有哪些？

第 8 章

常见函数和数据管理

　　MySQL 提供了众多功能强大、方便易用的函数，通过对这些函数的使用可以极大提高用户对数据库的管理效率，也提供了多种备份和恢复数据的方法来保证数据库中的数据不出现错误或丢失。本章将介绍 MySQL 中这些函数的功能和用法，以及数据备份、恢复、用户管理的相关知识。

学习目标

- 掌握数学函数、字符串函数等的用法
- 掌握数据备份的方法
- 掌握数据恢复的方法
- 熟悉用户管理的相关知识
- 熟练操作综合案例中数据备份与恢复的基本操作

常见函数和数据管理

8.1 常见函数

8.1.1 数学函数

　　数学函数用于执行一些比较复杂的算术操作，MySQL 常用的数学函数如表 8-1 所示。数学函数在进行数学运算时，如果发生错误，则会返回 NULL。下面结合实例对一些常用的数学函数进行介绍。

表 8-1 数学函数

函数名	功　　能
ABS(x)	返回 x 的绝对值
CEIL(x),CEILING(x)	返回大于或者等于 x 的最小整数
FLOOR(x)	返回小于或者等于 x 的最大整数

续表

函数名	功能
RAND()	返回 0~1 的随机数
RAND(x)	返回 0~1 的随机数，x 值相同时返回的随机数相同
SIGN(x)	返回 x 的符号，x 是负数、0、正数分别返回 -1、0 和 1
PI()	返回圆周率
TRUNCATE(x,y)	返回数值 x 保留到小数点后 y 位的值
ROUND(x)	返回离 x 最近的整数
ROUND(x,y)	保留 x 小数点后 y 位的值，但截断时要进行四舍五入
POW(x,y),POWER(x,y)	返回 x 的 y 次方
SQRT(x)	返回 x 的平方根
EXP(x)	返回 e 的 x 次方
MOD(x,y)	返回 x 除以 y 以后的余数

1. greatest() 和 least() 函数

greatest() 和 least() 函数是数学函数中经常使用的函数，通过它们可以获得一组数据中的最大值和最小值。

例如：

```
select greatest(1,23,456,78);
```

执行结果如图 8-1 所示。

图 8-1 获取一组数据中的最大值

数学函数允许嵌套使用，例如：

```
select greatest(1,23,least(456,78)), least(1,greatest(-1,-2));
```

2. floor() 和 ceiling() 函数

floor(n) 用来求小于 n 的最大整数值；ceiling(n) 用来求大于 n 的最小整数值。

例如：

```
select floor(-2.3),floor(4.5),ceiling(-2.3),ceiling(4.5);
```

执行结果如图 8-2 所示。

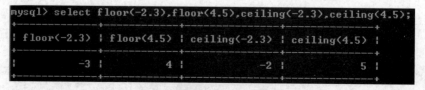

图 8-2 获取最大和最小整数值

3. round()、truncate() 和 format() 函数

round(n) 函数用于获得距离 n 最近的整数 ；round(n,m) 用于获得距离 n 最近的小数，小数点后保留 m 位；truncate(n,m) 函数用于求小数点后保留 m 位的 n（舍弃多余小数位，不进行四舍五入）；format(n,m) 函数用于求小数点后保留 m 位的 n(进行四舍五入)。

例如 ：

```
select round(6.7),
truncate(4.5566,3),
format(4.5566,3);
```

执行结果如图 8-3 所示。

```
mysql> select round(6.7),
    -> truncate(4.5566,3),
    -> format(4.5566,3);
+------------+--------------------+------------------+
| round(6.7) | truncate(4.5566,3) | format(4.5566,3) |
+------------+--------------------+------------------+
|          7 |              4.556 | 4.557            |
+------------+--------------------+------------------+
```

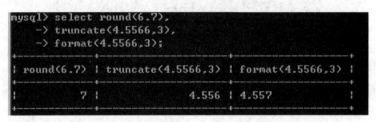

图 8-3 round(),truncate(), 和 format() 函数

4. abs() 函数

abs() 函数用于求一个数的绝对值。

例如 ：

```
select abs(-123),abs(1.23);
```

执行结果如图 8-4 所示。

```
mysql> select abs(-123),abs(1.23);
+-----------+-----------+
| abs(-123) | abs(1.23) |
+-----------+-----------+
|       123 |      1.23 |
+-----------+-----------+
```

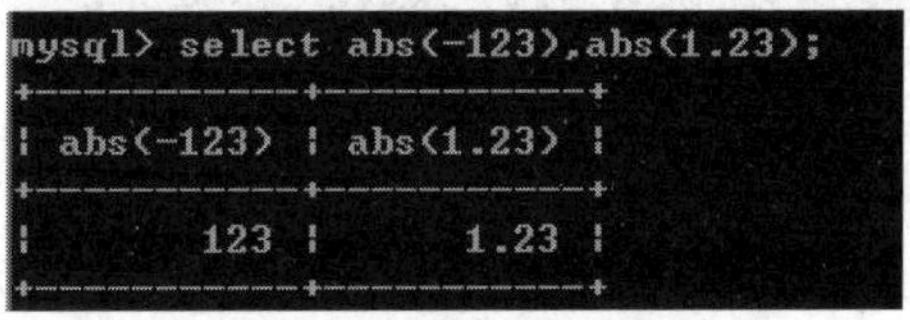

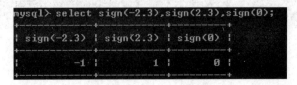

图 8-4 获取一个数的绝对值

5. sign() 函数

sign() 函数用于求数字的符号，返回的结果正数为 1、负数为－1 或者零为 0。

例如 ：

```
select sign(-2.3),sign(2.3),sign(0);
```

执行结果如图 8-5 所示。

```
mysql> select sign(-2.3),sign(2.3),sign(0);
+------------+-----------+---------+
| sign(-2.3) | sign(2.3) | sign(0) |
+------------+-----------+---------+
|         -1 |         1 |       0 |
+------------+-----------+---------+
```

图 8-5 获取数字的符号

6. sqrt() 函数

sqrt() 函数用于求一个数的平方根。

例如：

```
select sqrt(25),sqrt(15);
```

执行结果如图 8-6 所示。

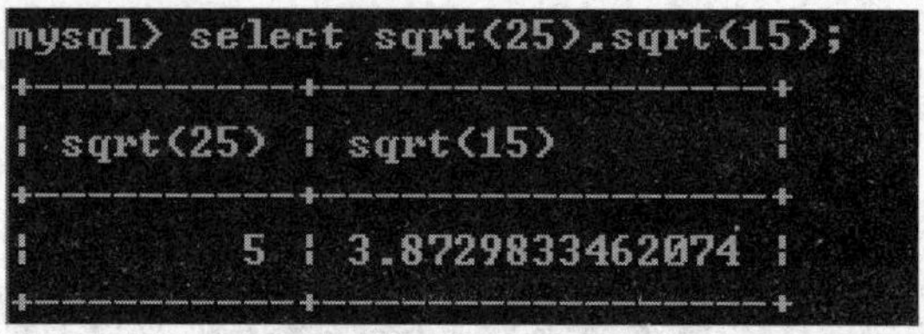

```
mysql> select sqrt(25),sqrt(15);
+----------+-----------------+
| sqrt(25) | sqrt(15)        |
+----------+-----------------+
|        5 | 3.8729833462074 |
+----------+-----------------+
```

图 8-6　获取一个数的平方根

7. pow() 函数

pow() 函数幂运算函数，pow(n，m) 用于求 n 的 m 次幂，power(n，m) 与 pow(n，m) 功能相同。

例如：

```
select pow(2,3),power(2,3);
```

执行结果如图 8-7 所示。

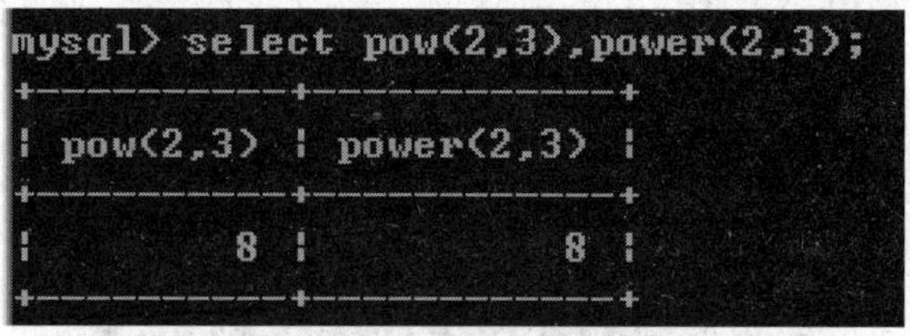

```
mysql> select pow(2,3),power(2,3);
+----------+------------+
| pow(2,3) | power(2,3) |
+----------+------------+
|        8 |          8 |
+----------+------------+
```

图 8-7　幂运算函数

8. sin()、cos()、tan() 函数

sin()、cos()、tan() 函数分别用于求一个角度（弧度）的正弦、余弦和正切值。

例如：

```
select sin(1),cos(1),tan(0.5);
```

执行结果如图 8-8 所示。

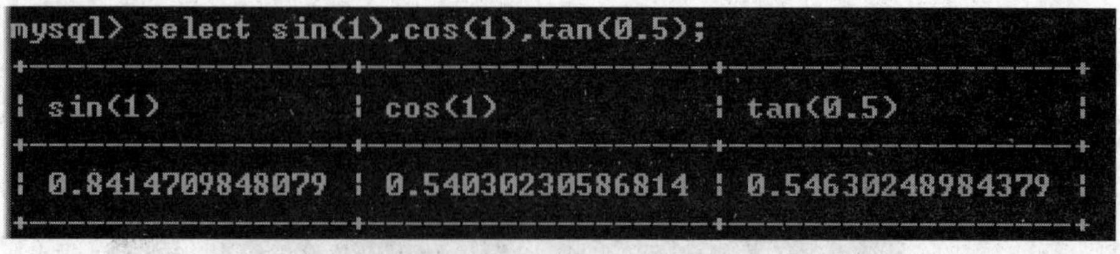

```
mysql> select sin(1),cos(1),tan(0.5);
+-----------------+------------------+------------------+
| sin(1)          | cos(1)           | tan(0.5)         |
+-----------------+------------------+------------------+
| 0.8414709848079 | 0.54030230586814 | 0.54630248984379 |
+-----------------+------------------+------------------+
```

图 8-8　获取一个角度（弧度）的正弦、余弦和正切值

9. asin()、acos()、atan() 函数

asin()、acos()、atan() 函数分别用于求一个角度（弧度）的反正弦、反余弦和反正切值。

例如：

```
select asin(1),acos(1),atan(45);
```

执行结果如图 8-9 所示。

```
mysql> select asin(1),acos(1),atan(45);
+-----------------+---------+-----------------+
| asin(1)         | acos(1) | atan(45)        |
+-----------------+---------+-----------------+
| 1.5707963267949 |       0 | 1.5485777614682 |
+-----------------+---------+-----------------+
```

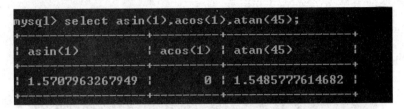

图 8-9　获取一个角度（弧度）的反正弦、反余弦和反正切值

10. radians()、degrees()、pi() 函数

radians() 和 degrees() 函数用于角度与弧度互相转换，其中，radians(n) 用于将角度 n 转换为弧度；degrees(n) 用于将弧度 n 转换为角度；pi() 用于获得圆周率的值。

例如：

```
select radians(180), degrees(pi());
```

执行结果如图 8-10 所示。

```
mysql> select radians(180), degrees(pi());
+-----------------+--------------+
| radians(180)    | degrees(pi()) |
+-----------------+--------------+
| 3.1415926535898 |          180 |
+-----------------+--------------+
```

图 8-10　radians()、degrees()、pi() 函数

11. bin()、oct ()、hex() 函数

bin()、oct ()、hex() 函数分别用于求一个数的二进制、八进制和十六进制值。

例如：

```
select bin(2),oct (12),hex(80);
```

执行结果如图 8-11 所示。

```
mysql> select bin(2),oct(12),hex(80);
+--------+---------+---------+
| bin(2) | oct(12) | hex(80) |
+--------+---------+---------+
| 10     | 14      | 50      |
+--------+---------+---------+
```

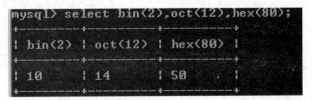

图 8-11　获取一个数的二进制、八进制和十六进制值

8.1.2 字符串函数

MySQL 数据库不仅包含数字数据，而且包含字符串，因此，MySQL 提供了字符串函数。在字符串函数中，包含的字符串必须要用单引号括起来。

1. ascii() 函数

ascii() 函数用于返回字符的 ASCII 码值。

【实例 8-1】返回字母 A 的 ASCII 码值。

```
select ascii('A');
```

执行结果如图 8-12 所示。

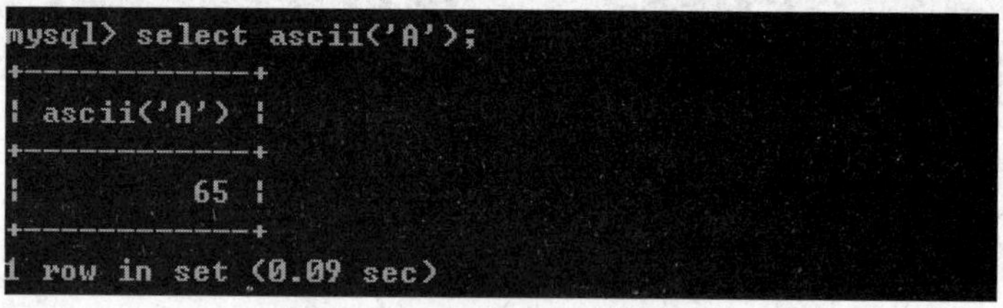

图 8-12 返回字符的 ASCII 码值

2. char() 函数

char(s1, s2, …, sn) 函数用于将 s1, s2, …, sn 的 ASCII 码转换为字符，结果组合成一个字符串。参数 s1, s2, …, sn 是满足（0~255）之间的整数，返回值为字符型。

【实例 8-2】返回 ASCII 码值为 97、98、99 的字符，组成一个字符串。

```
select char(97,98,99);
```

执行结果如图 8-13 所示。

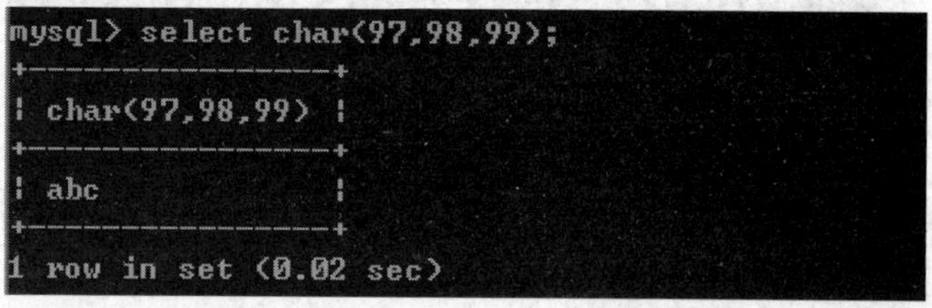

图 8-13 返回 ASCII 码值为 97、98、99 的字符组成的字符串

3. left() 和 right() 函数

left(str,n) 和 right(str,n) 分别用于返回字符串 str 中最左边的 n 个字符和最右边的 n 个字符。

【实例 8-3】返回第 4 章所建立的 course 表中课程名最左边的 8 个字符。

```
use test
select left(cname,8)
from course;
```

执行结果如图 8-14 所示。

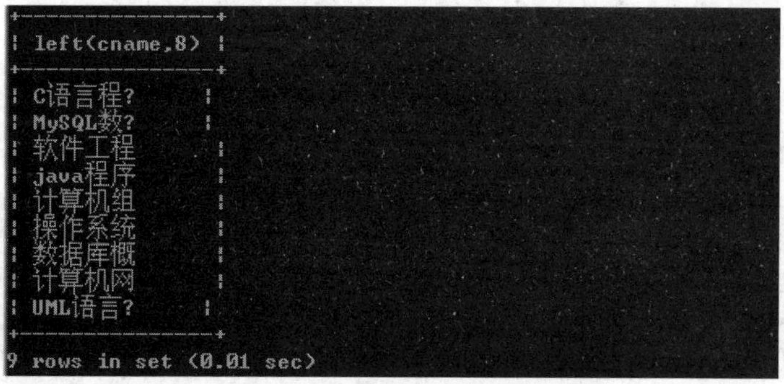

第 8 章 常见函数和数据管理

图 8-14 返回课程名中最左边的 8 个字符

4. trim()、lirim()、rtrim() 函数

trim() 函数用于删除字符串首部和尾部的所有空格。ltrim(str)、rtrim(str) 函数用于删除字符串 str 首部和尾部的空格。

例如：

```
select ltrim('    MySQL    ');
```

执行结果如图 8-15 所示。

图 8-15 删除字符串首部的所有空格

5. rpad() 和 lpad() 函数

rpad(str,n,pad) 用于用字符串 pad 对 str 进行右边填补直至达到 n 个字符长度，然后返回填补后的字符串。

例如：

```
select rpad('中国加油',10,'!');
```

执行结果如图 8-16 所示。

图 8-16 对 s 字符串进行右边填补直至达到 10 个字符长度

lpad(str,n,pad) 用于用字符串 pad 对 str 进行左边填补直至达到 n 个字符长度，然后返回填补后的字符串。

例如：

```
select lpad('中国加油',10,'*');
```

执行结果如图 8-17 所示。

```
mysql> select lpad('中国加油',10,'*');
+------------------------+
| lpad('中国加油',10,'*') |
+------------------------+
| **中国加油              |
+------------------------+
1 row in set (0.02 sec)
```

图 8-17　对字符串进行左边填补直至达到 10 个字符长度

6. concat() 函数

concat（s1,s2,…, sn）函数用于将 s1，s2，…, sn 连接成一个新字符串。

例如：

```
select concat('数据库','你好','!');
```

执行结果如图 8-18 所示。

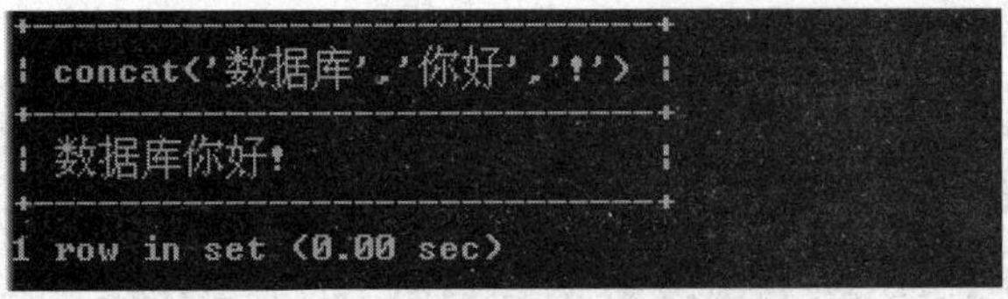

```
+------------------------------+
| concat('数据库','你好','!') |
+------------------------------+
| 数据库你好!                  |
+------------------------------+
1 row in set (0.00 sec)
```

图 8-18　将多个字符串连接成一个新字符串

7. substring() 函数

substring（str,n,m）函数用于返回从字符串 str 的 n 位置起 m 个字符长度的子串，mid（str,n,m）函数作用与 substring 函数相同。

例如：

```
set @s='I love China';
select substring (@s, 2, 4);
```

执行结果如图 8-19 所示。

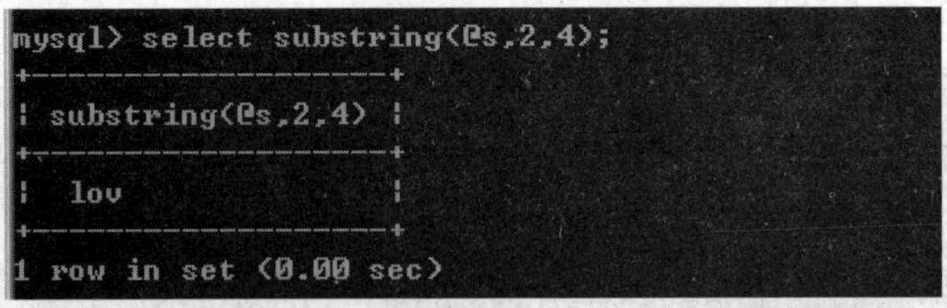

```
mysql> select substring(@s,2,4);
+--------------------+
| substring(@s,2,4) |
+--------------------+
|  lov               |
+--------------------+
1 row in set (0.00 sec)
```

图 8-19　返回从字符串的 2 位置起 4 个字符长度的子串

8. locate()、position()、instr() 函数

locate(substr,str)、position(substr in str)、instr(str,substr) 函数用于返回字符串 substr 在字符串 str 中第一次出现的位置。

```
set @s=' love';
set@s2='I love China,love China,love';
select locate(@s,@s2);
```

执行结果如图 8-20 所示。

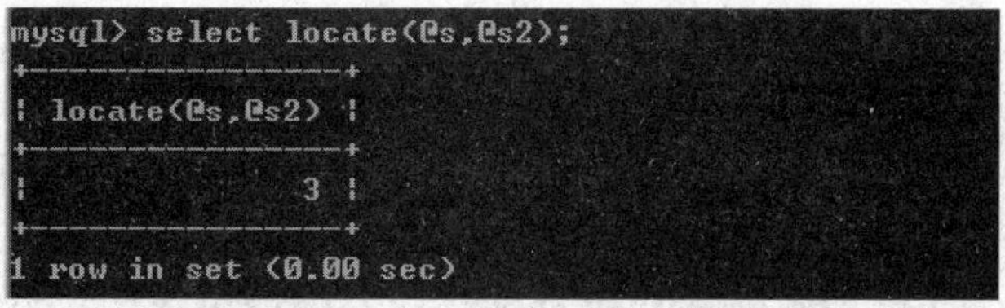

```
mysql> select locate(@s,@s2);
+----------------+
| locate(@s,@s2) |
+----------------+
|              3 |
+----------------+
1 row in set (0.00 sec)
```

图 8-20　返回字符串 s2 在字符串 s 中第一次出现的位置

8.1.3　时间日期函数

MySQL 为数据库用户提供的时间日期函数功能强大。时间日期函数允许输入参数的多种类型。接受 date 值作为输入参数的函数通常也接受 datetime 或者 timastamp 值作为参数并忽略其中的时间部分；而接受 time 值作为输入参数的函数通常也接受 datetime 或者 timastamp 值作为输入参数并忽略其中的日期部分。

1. curdate()、current_date() 函数

curdate()、current_date() 函数用于获取 MySQL 服务器当前日期，例如：

```
select curdate(),current_date();
```

2. curtime()、current_time() 函数

curtime()、current_time() 函数用于获取 MySQL 服务器当前时间，例如：

```
select curtime(),current_time();
```

3. now()、current_timestamp()、localtime()、sysdate() 函数用于获取 MySQL 服务器当前时间和日期，这 4 个函数允许传递一个整数值（小于等于 6）作为函数参数，从而获取更为精确的时间信息。另外，这些函数的返回值与时区设置有关。

```
select @@time_zone;
select curdate(),current_date(), curtime(),current_time(),now(),
current_timestamp(),localtime(),sysdate()\G
```

4. year() 函数

year() 函数分析一个日期值并返回其中关于年份的部分，例如：

```
select year(20160816131425),year('1982-02-28');
```

执行结果如图 8-21 所示。

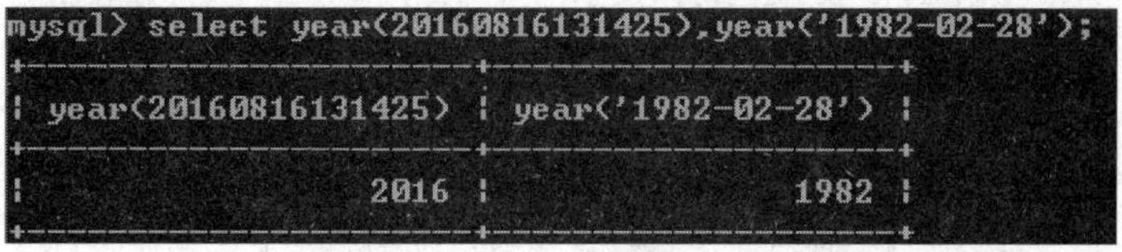

```
mysql> select year(20160816131425),year('1982-02-28');
+----------------------+--------------------+
| year(20160816131425) | year('1982-02-28') |
+----------------------+--------------------+
|                 2016 |               1982 |
+----------------------+--------------------+
```

图 8-21　分析一个日期值并返回其中关于年份的部分

5. month() 和 monthname() 函数

month() 和 monthname() 函数，前者以数值格式返回月份，后者以字符串格式返回月份，例如：

```
select month(20160816131425),monthname('1982-02-28');
```

执行结果如图 8-22 所示。

```
mysql> select month(20160816131425),monthname('1982-02-28');
+-----------------------+-------------------------+
| month(20160816131425) | monthname('1982-02-28') |
+-----------------------+-------------------------+
|                     8 | February                |
+-----------------------+-------------------------+
```

图 8-22 两种不同返回月份的方法

6. dayofyear()、dayofweek()、dayofmonth() 函数

dayofyear(),dayofweek(),dayofmonth() 这三个函数分别返回这一天在一年、一个星期以及一个月中的序数，例如：

```
select dayofyear(20160816)),dayofmonth ('1982-02-28'),dayofweek(20160816);
```

7. week() 和 yearweek() 函数

week() 返回指定的日期是一年中的第几个星期，yearweek() 返回指定的日期是哪一年的哪一个星期，例如：

```
select week('1982-02-28'),yearweek(19820228);
```

执行结果如图 8-23 所示。

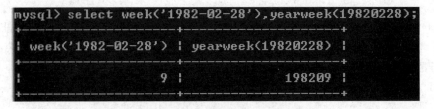

图 8-23 week()、yearweek() 函数的使用

8. date_add() 和 date_sub() 函数

date_add() 和 date_sub() 函数可以对日期和时间进行算术操作，前者用来增加日期值，后者用来减少日期值。

语法格式如下：

```
date_add(date,interval int keyword);
date_sub(date,interval int keyword);
```

例如：

```
select date_add('1982-02-28',interval 20 day);
```

执行结果如图 8-24 所示。

第 8 章 常见函数和数据管理

```
mysql> select date_add('1982-02-28',interval 20 day);
+----------------------------------------+
| date_add('1982-02-28',interval 20 day) |
+----------------------------------------+
| 1982-03-20                             |
+----------------------------------------+
```

图 8-24 对日期和时间进行算术操作

8.1.4 数据类型转换函数

MySQL 为数据库用户提供了 convert()、cast() 函数用于数据转换。

1. convert() 函数

convert（n using charset）函数返回 n 的 charset 字符集数据；convert（n，type）函数以 type 数据类型返回 n 数据，其中 n 的数据类型没有变化。例如：

```
set @s1='国';
set @s2=convert(@s1,binary);
select @s1,charset(@s1),@s2,charset(@s2);
```

2. cast() 函数

cast(n as type) 函数中 n 是 cast 函数需要转换的值，type 是转换后的数据类型。MySQL 在 cast() 函数中支持 binary、char、date、time、datetime、signed 和 unsigned。

当使用数值操作时，字符串会自动转换为数字，例如：

```
select 2+cast('48'as signed),2+'48';
```

执行结果如图 8-25 所示。

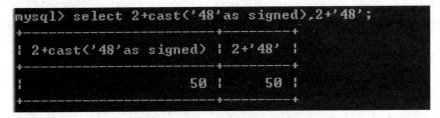

图 8-25 cast() 函数的使用

8.1.5 控制流程函数

MySQL 中控制流程函数可以实现 SQL 的条件逻辑，允许开发者将一些应用程序业务逻辑转换到数据库后台。

1. ifnull() 函数

ifnull(s1,s2) 函数作用是判断参数 s1 是否为 null，当参数 s1 为 null 时返回 s2，否则返回 s1。Ifnull 函数的返回值是数字或者字符串。例如：

```
select ifnull(1,2),ifnull(null,'MySQL');
```

执行结果如图 8-26 所示。

```
mysql> select ifnull(1,2),ifnull(null,'MySQL');
+-------------+----------------------+
| ifnull(1,2) | ifnull(null,'MySQL') |
+-------------+----------------------+
|           1 | MySQL                |
+-------------+----------------------+
```

图 8-26　ifnull() 函数的使用

2. nullif() 函数

nullif(s1,s2) 函数用于检验两个参数是否相等，如果相等，返回 null，否则，返回 s1。例如：

```
select nullif (1,1), nullif ('A','B');
```

结果如图 8-27 所示。

```
mysql> select nullif(1,1), nullif('A','B');
+-------------+-----------------+
| nullif(1,1) | nullif('A','B') |
+-------------+-----------------+
| NULL        | A               |
+-------------+-----------------+
```

图 8-27　检验两个参数是否相等

3. if() 函数

If(condition,s1,s2) 函数用于判断，其中 condition 为条件表达式，当 condition 为真时，函数返回 s1 的值，否则，返回 s2 的值。

8.1.6　系统信息函数

1. database()、user() 和 verision() 函数

database()、user() 和 verision() 函数分别用于返回当前数据库、当前用户和 MySQL 版本信息。例如：

```
select database(),user(),version();
```

执行结果如图 8-28 所示。

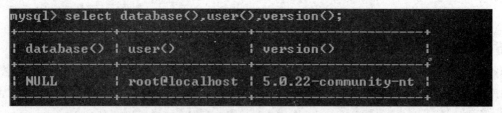

图 8-28　返回当前数据库、当前用户和 MySQL 版本信息

2. benchmark(count,n) 函数

benchmark(count,n) 函数用于重复执行 count 次表达 n。可以用于计算 MySQL 处理表达式的速度，结果值通常为零。

8.2 数据库备份与还原

数据是数据库管理系统的核心，为了避免数据丢失，或者发生数据丢失后将损失降到最低，需要定期对数据库进行备份，如果数据库中的数据出现了错误，需要使用备份好的数据进行数据还原，数据的还原是以备份为基础的。

8.2.1 数据的备份

为了保证数据库的可靠性和完整性，数据库管理系统通常会采取各种有效的措施进行维护，但是在数据库的使用过程中，还是可能由于多种原因，如计算机硬件故障、计算机软件故障、病毒、人为误操作、自然灾害以及盗窃等，而造成数据丢弃或者被破坏。因此，数据库系统提供了备份和恢复策略来保证数据库中数据的安全性。

1. 使用 SQL 语句备份

用户可以使用 select...into outfile 语句把表数据导出到一个文本文件中，并使用 load data...infile 语句恢复数据。但是该方法只能导出或导入数据内容，不包括表的结构，如果表的结果文件损坏，则必须先恢复原来的表的结构。例如：

```
select* into outfile 'file_name' export_options|dumpfile'file_name'
```

使用 outfile 时，可以在 export_opitions 中加入以下两个自选的子句，来决定数据行在文件中存放的格式。

fields 子句：在 fields 子句中有三个子句，terminated by、[optionally] enclosed by、escaped by。如果指定了 fields 子句，那么三个子句中至少要指定一个。terminated by 用来指定字段值之间的符号；enclosed by 子句用来指定包裹文件中字符值的符号；escaped by 子句用来指定转义字符。

lines 子句：在 lines 子句中使用 terminated by 指定一行结束的标志。

2. 使用命令 mysqldump 备份

MySQL 提供了许多免费的客户端实用程序，存放在 MySQL 安装目录下的 bin 子目录中。这些客户端实用程序可以连接到 MySQL 服务器进行数据库的访问，或者对 MySQL 进行不同的管理任务，其中 mysqldump 程序常用于实现数据库的备份。

使用客户端方法：打开计算机中的 DOS 终端，进入 MySQL 安装目录下的 bin 子目录 C:\Program Files\MySQL\MySQL Server 5.0\bin，出现 MySQL 客户端实用程序运行界面，由此可输入所需的 MySQL 客户端实用程序的命令。

可以使用 MySQL 客户端实用程序 mysqldump 来实现 MySQL 数据库的备份，这样的备份方式既能达到备份文件，也同时达到备份表结构的目的。

备份表语法格式如下：

```
mysqldump[options] database [tables]>filename;
```

部分参数说明：

options：mysqldump 命令支持的选项，可以通过执行 help 命令得到 mysqldump 选项表及更多帮助信息；

database：指定数据库的名称，其后可以加上需要备份的表名。如果在命令中没有指定表名，则该命令会备份整个数据库。

filename：指定最终备份的文件名，如果该命令语句中指定了需要备份的多个表，那么备份后都会保存在这个文件中。

mysqldump 应用程序还可以将一个或多个数据库备份到已知文件中，语法格式如下：

```
mysqldump[options]--databases[options]db1[db2 db3…]>filename;
```

mysqldump 程序还能够备份整个数据库系统，语法格式如下：

```
mysqldump[options]--all-databases[options]>filename;
```

【实例 8-4】使用 mysqldump 备份数据库 test 和数据库 MySQL 到 C 盘 backup 目录下。

```
mysqldump-hlocalhost-uroot-p123456--databases test MySQL> c:\backup\data.sql;
```

命令执行完成后，会在指定的目录 c:\backup 下生成一个包含两个数据库 test 和 MySQL 和备份文件 data.sql，文件中存储了创建这两个数据库及其内部数据表的全部 SQL 语句，以及两个数据库中所有的数据。

【实例 8-5】使用 mysqldump 备份 MySQL 服务器上所有数据库。

```
mysqldump-uroot-p123456--all-databases> c:\backup\alldata.sql;
```

【实例 8-6】使用 mysqldump 将 test 数据库中所有表的表结构和数据都分别备份到 D 盘 file 文件夹下。

```
mysqldump-uroot-p123456--tab=D:/file/test;
```

8.2.2 数据的还原

数据库的恢复也称为数据库的还原，是将数据库从某种错误状态恢复到某一已知的正确状态。数据库的恢复是以备份为基础的，与备份相对应的系统维护和管理操作。系统进行恢复操作时，先执行一些系统安全的检查，包括检查所要恢复的数据库是否存在、数据库是否变化以及数据库文件是否兼容等，然后根据所采用的数据库备份类型采取相应的恢复操作。

1. 使用 SQL 语句恢复

用户可以使用 load data…infile 语句把一个文件中的数据导入到数据库中，语法格式如下：

```
load data[low_priority|concurrent][local]infile'file_name.txt'
    [replace|ignore]
    Into table tb_name
[fields
    [terminated by'string']
    [[optionally]enclosed by'char']
    [escaped by 'char']
]
[lines
    [starting by'string']
```

```
    [terminated by 'string']
]
[ignore number lines]
[(col_name_or_user_var,…)]
]
[lgnore number lines]
[(col_name_or_user_var,…)]
[set (col_name=expr,…)]
```

部分参数说明：

file_name：等待载入的文件名,文件中保存了待存入数据库的数据行。输入文件可以手动创建，也可以使用其他的程序创建。载入文件时候当指定了文件的绝对路径时，服务器根据该路径搜索文件，如果不指定路径，服务器则会在默认数据库的数据库目录中读取；

tb_name：需要导入数据的表名,该表在数据库中必须存在,表结构必须与导入文件的数据行一致；

replace|ignore：如果指定了 replace，那么当文件中出现于原有行相同的唯一关键字时，输入行会替换原有行。如果指定了 ignore，则把原有行有相同的唯一关键字值的输入行跳过；

fields 子句：此处的 fields 子句和 select...into outfile 语句中类似,用于判断字段之间和数据行之间的符号；

lines 子句：terminated by 子句用来指定一行结束的标志。staring by 子句指定已给前缀，导入数据行时候，忽略行中的该前缀和前缀之前的内容。如果某行不包括该前缀，则整行被跳过；

ignore number lines：这个选项可以用于忽略文件的前几行；

col_name_or_user_var：如果需要载入一个表的部分列或文件中字段值顺序与表中列的顺序不同，则需要指定一个列清单，其中可以包含列名或者用户变量；

set 子句：set 子句可以在导入数据时候修改表中列的值。

2. 使用命令 MySQL 恢复数据

可以使用 MySQL 命令将 mysqldump 程序备份的文件中的全部 SQL 语句还原到 MySQL 中。

【实例8-7】假设数据库 test 损坏，请使用该数据库的备份文件 test.sql 将其恢复。

```
mysql-uroot-p123456 test<test.sql ;
```

【实例8-8】 假设数据库 test 中 course 表结构损坏，备份文件存放在 D 盘 file 目录下，现需要将包含 course 表结构的 course.sql 文件恢复到服务器中。

```
mysql-uroot-p123456 test<D:/file/course.sql ;
```

3. 使用命令 mysqlimport 恢复数据

使用命令 mysqlimport 恢复数据的语法格式如下：

```
mysqlimport[options]database filename
```

【实例8-9】 使用存放在 c 盘 backup 目录下的备份数据文件 course.txt，恢复数据库 text 中表 course 的数据。

```
mysqlimport-hlocalhost-uroot-p123456-low-priority-replace test<c:\backup\course.txt;
```

8.3 MySQL 的用户管理

8.3.1 数据库用户管理

MySQL 用户账号和信息存储在名为 mysql 的数据库中,这个数据库中有一个名为 user 的数据表,包含所有用户的账号,该数据库用一个名为 user 的列存储用户的登录名。

1. 添加用户

系统新安装时,当前只有一个名为 root 的用户,该用户是在成功安装 MySQL 服务器后,由系统创建的,并且被赋予了操作和管理 MySQL 的所有权限。因此,root 用户具有对整个 MySQL 服务器完全控制的权限。

为了避免恶意用户冒名使用 root 账号操控数据库,通常需要创建一系列具备适当权限的账号,尽可能地不用或者少用 root 账号登录系统,以便确保数据的安全访问,因此,对 MySQL 管理时需要对用户账号进行管理。

可以使用 create user 语句创建一个或者多个 MySQL 账户,并设置密码,语法格式如下:

```
create user identified by[password]'password'
[,user identified by [password]'password']…
```

部分参数说明如下:

user:指定创建用户账号,user 的格式为 "user_name'@'host name'",user_name 是用户名,host name 是主机名,即用户连接 MySQL 时所在主机的名字。如果在创建的过程中只给出了账号中的用户名,而没有指定主机名,那么主机名会默认为是 "%",表示一组主机。

identified by 子句:用于指定用户账号对应的口令,如果该用户账号无口令,那么可以省略该句。

password:可选项,用于指定散列口令(散列就是把任意长度的输入,通过散列又称哈希算法变换成固定长度的输出,该输出就是散列值)。如果使用明文设置口令,需要忽略 password 关键字,如果不以明文设置口令,并且知道 password()函数返回给密码的散列值,那么可以在此口令设置语句中指定此散列值,但需要加上关键字 password。

password:指令用户账号的口令,在 identified by 关键字或者 password 关键字之后。给定的口令值可以是由字母和数字组成的明文,也可以是通过 password()函数得到的散列值。

【实例 8-10】在 MySQL 服务器中添加新的用户,其用户名为 king,主机名为 localhost,口令设置为明文 "queen"。

```
create user'king'@'localhost'identified by'queen';
```

2. 查看用户

查看用户的语法格式如下:

```
select *from mysql.user
where host='host_name'and user='user_name'
```

其中,"*" 代表 MySQL 数据库中 user 表的所有列,也可以指定特定的列。常用的列名有:hostt、user、password、select_priv、index_priv 等。where 后紧跟的是查询条件。

【实例8-13】查看本地主机上的所有用户名。

```
select host,user,password from mysql.user;
```

执行结果如图 8-29 所示。

```
mysql> select host,user,password from mysql.user;
+-----------+------+-------------------------------------------+
| host      | user | password                                  |
+-----------+------+-------------------------------------------+
| localhost | root | *6BB4837EB74329105EE4568DDA7DC67ED2CA2AD9 |
| %         | root | *6BB4837EB74329105EE4568DDA7DC67ED2CA2AD9 |
| localhost | king | *AD13E1F37B7D3CADA9734A22BC20A91DC8F91E4E |
+-----------+------+-------------------------------------------+
```

图 8-29　查看本地主机上的所有用户名

3. 修改用户账号

使用 rename user 语句修改一个或者多个已经存在的 MySQL 用户账号，如果系统中旧账户不存在或者新账户已经存在，该语句执行会出现错误。使用 rename user 语句，必须拥有 MySQL 中数据库的 update 权限或者全局 create user 权限。

语法格式如下：

```
rename user old_user to new_user[,old_user to new_user]…
```

old_user：系统中已经存在的 MySQL 用户账号。

new_user：新的 MySQL 用户账号。

【实例8-11】将前面例子中国用户 king 的名字修改成 queen

```
rename user'king'@'localhost'to'queen'@'localhost';
```

执行结果如图 8-30 所示。

```
mysql> rename user'king'@'localhost'to'queen'@'localhost';
Query OK, 0 rows affected (0.00 sec)
```

图 8-30　将中国用户 king 的名字修改为 queen

再查看，执行结果如图 8-31 所示。

```
mysql> select host,user,password from mysql.user;
+-----------+-------+-------------------------------------------+
| host      | user  | password                                  |
+-----------+-------+-------------------------------------------+
| localhost | root  | *6BB4837EB74329105EE4568DDA7DC67ED2CA2AD9 |
| %         | root  | *6BB4837EB74329105EE4568DDA7DC67ED2CA2AD9 |
| localhost | queen | *AD13E1F37B7D3CADA9734A22BC20A91DC8F91E4E |
+-----------+-------+-------------------------------------------+
```

图 8-31　查看数据库中用户账户信息

4. 修改用户口令

（1）使用 mysqladmin 命令来修改密码，语法规则如下：

```
mysqladmin-u username-p password;
```

password 为关键字。

（2）使用 set 语句来修改密码，语法规则如下：

```
set password [for'username'@'hostname']=password('new_password');
```

如果不加 [for'username'@'hostname']，则表明修改当前用户密码，如果加了 [for'username'@'hostname']，则表明修改当前主机上的特定用户的密码。

【实例8-12】修改 queen 密码为 king。

```
set password for'queen'@'localhost'=password('king');
```

执行结果如图 8-32 所示。

```
mysql> set password for'queen'@'localhost'=password('king');
Query OK, 0 rows affected (0.00 sec)
```

图 8-32　修改 queen 密码为 king

（3）修改 MySQL 数据库下的 user 表，需要有对 mysql.user 表的修改权限，又有 root 权限，一般情况下可以使用 root 用户登录后，修改主机或者普通用户的密码，语法规则如下：

```
update mysql.user
set password=password('new_password')
where user='user_name'and host='host_name';
```

5. 删除用户

使用 drop user 语句可以删除普通用户，drop user 语句删除用户必须有 drop user 权限，语法规则如下：

```
drop user user[,user]…
```

其中，user 参数是需要删除的用户，由用户名和主机组成。drop user 语句可以同时删除多个用户，各个用户用逗号隔开。

【实例8-13】删除 queen 用户，主机名为 localhost。

```
drop user queen@localhost;
```

执行结果如图 8-33 所示。

```
mysql> drop user queen@localhost;
Query OK, 0 rows affected (0.00 sec)
```

图 8-33　删除 queen 用户，主机名为 localhost

8.3.2　用户权限设置

1. 权限授予

新建的 SQL 用户不允许访问属于其他 SQL 用户的表，也不能立即创建自己的表，必须被授权。可以授予的权限主要有以下 4 种。

- 列权限：和表中的一个具体列相关。

- 表权限：和一个具体表的所有数据相关。
- 数据库权限：和一个具体的数据库中所有表相关。
- 用户权限：和 MySQL 所有的数据库相关。

给予用户授权可以使用 grant 语句，语法格式如下：

```
grant
priv_type[(column_list)][,priv_type[(column list)]]…
on[object_type]priv_level
to user_specification[,user_specification]…
[with with_option…]
```

部分参数说明如下：

priv_type：用于指定权限的名称，例如，select、update、delete 等数据库操作；

column_list：用于指定权限要授予该表中哪些具体的列；

on 子句：用于指定权限授予的对象和级别，例如，可以在 on 关键字后面给出要授予权限的数据库名或者表名等；

object_type：可选项，用于指定权限授予的对象类型，包括表、函数和存储过程，分别用关键字 table、function、procedure 标识；

priv_level：用于指定权限的级别；

to 子句：用来设定用户的口令，以及制定被授予权限的用户 user。如果在 to 子句中给系统中存在的用户指定口令，那么新密码会将原密码覆盖；如果权限被授予给一个不存在的用户，MySQL 会自动执行一条 create user 语句来创建这个用户，但是同时必须为该用户指定口令；

user_specification：to 子句中的具体描述部分，其与 create user 语句中的 user_specification 部分一样；

with 子句：grant 语句的最后可以使用 with 子句，为可选项，用于实现权限的转移或者限制。

1）授予表权限和列权限

【实例8-14】授予用户 king 在 course 表上的 select 权限。

```
use test;
grant select
on course
to king@localhost;
```

【实例8-15】用户 liu 和 qu 不存在，授予它们在 course 表上的 select 和 update 权限。

```
grant select,update
on course
to liu@localhost identified by'lpwd',
qu@localhost identified by'zpwd';
```

如果权限授予了一个不存在的用户，MySQL 会自动执行一条 create user 语句来创建这个用户，但必须为该用户指定密码。

【实例8-16】授予 king 在 course 表上的学号列和姓名列的 update 权限。

```
grant update(姓名,学号)
```

```
on course
to king@localhost;
```

2）授予数据库权限

表权限适用于一个特定的表，MySQL 还支持针对整个数据库的权限。例如，在一个特定的数据库中创建表和视图的权限。

【实例8-17】授予 king 在 test 数据库中的所有表的 select 权限。

```
grant select
on test.*
to king@localhost;
```

3）授予用户权限

最有效率的权限就是授予用户权限，对于需要授予数据库权限的所有语句，也可以定义在用户权限上。例如，在用户级别上授予某人 create 权限，该用户可以创建一个新的数据库，也可以在所有的数据库中创建新表。

MySQL 授予用户权限时 priv_type 可以是：
- create user：给予用户创建和删除新用户的权限；
- show databases：给予用户使用 show databases 语句查看所有已有的数据库的定义的权限。

在 grant 语法格式中，授予用户权限时 on 子句中使用 "*.*"，表示所有数据库的所有表。

【实例8-18】授予 Linda 创建新用户的权限。

```
grant create user
on   *.*
to Linda@localhost;
```

2. 权限的转移和限制

1）转移权限

如果将 with 子句指定为 with grant option，那么表示 to 子句中所指定的所有用户都具有把自己所拥有的权限授予其他用户的权力，而无论那些其他用户是否拥有该权限。

【实例8-19】授予当前系统中一个不存在的用户 qu 在数据库 test 的表 course 上拥有 select 和 update 的权限，并允许它可以将在自身的这个权限授予其他用户。

```
grant select,update
on test.course
to 'qu'@'localhost'identified by'abc'
with grant option;
```

2）限制权限

【实例8-20】授予系统中的用户 qu 在数据库 test 的表 course 上每小时只能处理一条 delete 语句的权限。

```
grant delete ontest.course to 'qu'@'localhost'
with max_queries_per_hour 1;
```

3. 权限的撤销

当需要撤销一个用户的权限，但不从 user 表中删除该用户，可以使用 revoke 语句，语法格式如下：

```
revoke priv_type[(column_list)] [,priv_type[(column_list)]]…
on [object_type]priv_level
from user[,user]…;
```

或者

```
revoke all privieges,grant option
from user[,user]…;
```

revoke 语句和 grant 语句的语法格式相似，但是具有相反的效果。第一种语法格式用于回收某些特定的权限；第二种语法用于回收特定用户的所有权限，如果要使用 revoke 语句，必须拥有 MySQL 数据库的全局 create user 权限或者 update 权限。

8.4 综合案例——数据库备份与恢复

在生产环境中，为了防止硬件故障、软件故障、自然灾害、误操作等各种原因导致的数据库数据丢失后能恢复到事故之前的状态，我们需要对数据库进行备份和恢复操作。

1. mysqldump

1) 语法

```
Usage: mysqldump [OPTIONS] database [tables]
OR     mysqldump [OPTIONS] --databases [OPTIONS] DB1 [DB2 DB3...]
OR     mysqldump [OPTIONS] --all-databases [OPTIONS]
```

2) 参数

```
-A, --all-databases Dump all the databases #全库。
-B, --databases     Dump several databases #单库。
-d #仅表结构。
-t #仅数据。
--compact #减少无用数据输出（调试）。
-R, --routines #备份存储过程和函数数据。
--triggers #备份触发器数据。
--master-data={1|2} #告诉你备份后时刻的binlog位置,1:非注释,要执行（主从复制）;2:注释。
--master-data #自动进行锁定表和释放锁定。
--single-transaction #对innodb引擎进行热备。
-x #锁住所有备份表。
-l #锁住单表。
-F, --flush-logs #刷新binlog日志（回顾binlog）。
```

3)使用

(1) 全库备份。

```
[root@db02 ~]# mkdir /backup;
[root@db02 ~]# mysqldump -A >/backup/full.sql;
# 注意：mysqldump 恢复数据必须数据库是开启状态下，假如数据库数据目录被删除，那么此时就需要重新初始化数据库，然后启动数据库，更新密码，然后登录数据库，进行 source 命令进行恢复。
```

(2) 备份多个表。

```
mysqldump 库1 表1 表2 表3 >库1.sql
mysqldump 库2 表1 表2 表3 >库2.sql
#单表备份：
mysqldump -uroot -p123 oldboy test>/backup/test.sql;
```

(3) 分库备份:for 循环。

```
mysqldump-uroot-p'oldboy123' -B oldboy...
mysqldump-uroot-p'oldboy123' -B oldboy_utf8 ...
mysqldump-uroot-p'oldboy123' -B mysql...
#for 循环：
for name in `mysql-e "show databases;"|sed1d`
do
mysqldump-uroot-p'oldboy123' -B $name
done;
```

如每天晚上 0 点备份数据库。

```
mysqldump-A -B -F >/opt/$(date +%F).sql
[root@db02 ~]# ll/application/mysql/logs/
-rw-rw----1 mysqlmysql168 Jun 21 12:06 oldboy-bin.000001
-rw-rw----1 mysqlmysql168 Jun 21 12:06 oldboy-bin.000002
-rw-rw----1 mysqlmysql210 Jun 21 12:07 oldboy-bin.index
#提示：每个库都会刷新一次
```

(4) 指定备份的位置。

```
[root@db02 logs]# sed-n '22p' /opt/t.sql
--CHANGE MASTER TO MASTER_LOG_FILE='oldboy-bin.000005', MASTER_LOG_POS=344;
[root@db02 logs]# mysqldump-B --master-data=2 oldboy>/opt/t.sql
```

(5) 锁表备份。

```
#锁表：适合所有引擎(myisam,innodb)
-x, --lock-all-tables
-l, --lock-tables
mysqldump-B -x oldboy>/opt/t.sql
#基于事务引擎：不用锁表就可以获得一致性的备份。
#生产中 99% 使用 innodb 事务引擎。
#ACID 四大特性中的隔离。
```

（6）压缩备份。

```
mysqldump-B --master-data=2 oldboy|gzip>/opt/t.sql.gz
```

解压：

```
zcatt.sql.gz>t1.sql
gzip-d t.sql.gz # 删压缩包
```

（7）innodb 引擎的备份命令。

```
mysqldump-A -B -R --triggers --master-data=2 --single-transaction |gzip>/opt/all.sql.gz
```

适合多引擎混合（如 myisam 与 innodb 混合）的备份命令。

```
mysqldump-A -B -R --triggers;
```

（8）扩展。

全库中全表的备份语句拼接：

```
select concat("mysqldump","-uroot -p123 " ,table_schema,"",table_name, " ",">/backup/",table_name,".sql" ) from information_schema.tables;
```

所有数据库备份的语句拼接：

```
select concat("mysqldump","-uroot -p123 -B " ,table_schema,"", "",">/backup/",table_schema,".sql" ) from information_schema.tables group b
     y(table_schema);
```

（9）使用 mysqldump 备份进行恢复。

备份 innodb 引擎数据库 oldboy 并压缩：

```
mysqldump-B -R --triggers --master-data=2 oldboy|gzip>/opt/alL_$(date +%F).sql.gz
# 人为删除 oldboy 数据库：
[root@db02 opt]# mysql-e "drop database oldboy;"
[root@db02 opt]# mysql-e "show databases;"
```

恢复数据库：

使用 gzip 解压。

```
gzip-d xxx.gz
```

数据库命令行。

```
source /opt/alL_2017-06-22.sql
```

验证数据：

```
[root@db02 opt]# mysql-e "use oldboy;select* from test;"
```

2. xtrabackup

1）安装

```
wget-O /etc/yum.repos.d/epel.repohttp://mirrors.aliyun.com/repo/epel-6.repo
```

```
yum -y install perlperl-devellibaiolibaio-develperl-Time-HiResperl-DBD-MySQL
wgethttps://www.percona.com/downloads/XtraBackup/Percona-XtraBackup-2.4.4/
binary/redhat/6/x86_64/percona-xtrabackup-24-2.4.4-1.el6.x86_64.rpm
yum -y install percona-xtrabackup-24-2.4.4-1.el6.x86_64.rpm
```

2) 备份命令

```
Xtrabackup
innobackupex******
```

3) xtrabackup 参数说明 (xtrabackup --help)

--apply-log-only: prepare 备份的时候只执行 redo 阶段,用于增量备份。

--backup: 创建备份并且放入 --target-dir 目录中。

--close-files: 不保持文件打开状态, xtrabackup 打开表空间的时候通常不会关闭文件句柄,目的是为了正确处理 DDL 操作。如果表空间数量非常巨大并且不适合任何限制,一旦文件不在被访问的时候这个选项可以关闭文件句柄。打开这个选项会产生不一致的备份。

--compact: 创建一份没有辅助索引的紧凑备份。

--compress: 压缩所有输出数据,包括事务日志文件和元数据文件,通过指定的压缩算法,目前唯一支持的算法是 quicklz。结果文件是 qpress 归档格式,每个 xtrabackup 创建的 *.qp 文件都可以通过 qpress 程序提取或者解压缩。

--compress-chunk-size=#: 压缩线程工作 buffer 的字节大小,默认是 64KB。

--compress-threads=#: xtrabackup 进行并行数据压缩时的 worker 线程的数量,该选项默认值是 1,并行压缩 compress-threads 可以和并行文件拷贝 parallel 一起使用。例如:--parallel=4--compress-threads=2 会创建 4 个 IO 线程读取数据并通过管道传送给 2 个压缩线程。

--create-ib-logfile: 这个选项目前还没有实现,目前创建 Innodb 事务日志,你还是需要 prepare 两次。

--datadir=DIRECTORY: backup 的源目录,mysql 实例的数据目录。从 my.cnf 中读取,或者命令行指定。

--defaults-extra-file=[MY.CNF]: 在 global files 文件之后读取,必须在命令行的第一选项位置指定。

--defaults-file=[MY.CNF]: 唯一从给定文件读取默认选项,必须是个真实文件,必须在命令行第一个选项位置指定。

--defaults-group=GROUP-NAME: 从配置文件读取的组,innobakcupex 多个实例部署时使用。

--export: 为导出的表创建必要的文件。

--extra-lsndir=DIRECTORY: (for --bakcup): 在指定目录创建一份 xtrabakcup_checkpoints 文件的额外的备份。

--incremental-basedir=DIRECTORY: 创建一份增量备份时,这个目录是增量别分的一份包含了 full bakcup 的 Base 数据集。

--incremental-dir=DIRECTORY: prepare 增量备份的时候,增量备份在 DIRECTORY 结合 full backup 创建出一份新的 full backup。

--incremental-force-scan: 创建一份增量备份时,强制扫描所有增在备份中的数据页即使完全改变的 page bitmap 数据可用。

--incremetal-lsn=LSN: 创建增量备份的时候指定 lsn。

--innodb-log-arch-dir: 指定包含归档日志的目录。只能和 xtrabackup --prepare 选项一起使用。

第 8 章 常见函数和数据管理

--innodb-miscellaneous：从 My.cnf 文件读取的一组 Innodb 选项。以便 xtrabackup 以同样的配置启动内置的 Innodb。通常不需要显示指定。

--log-copy-interval=#：这个选项指定了 log 复制线程 check 的时间间隔（默认 1 秒）。

--log-stream：xtrabakcup 不复制数据文件，将事务日志内容重定向到标准输出直到 --suspend-at-end 文件被删除。这个选项自动开启 --suspend-at-end。

--no-defaults：不从任何选项文件中读取任何默认选项，必须在命令行第一个选项。

--databases=#：指定了需要备份的数据库和表。

--database-file=#：指定包含数据库和表的文件格式为 databasename1.tablename1 为一个元素，一个元素一行。

--parallel=#：指定备份时复制多个数据文件并发的进程数，默认值为 1。

--prepare：xtrabackup 在一份通过 --backup 生成的备份执行还原操作，以便准备使用。

--print-default：打印程序参数列表并退出，必须放在命令行首位。

--print-param：使 xtrabackup 打印参数用来将数据文件复制到 datadir 并还原它们。

--rebuild_indexes：在 apply 事务日志之后重建 innodb 辅助索引，只有和 --prepare 一起才生效。

--rebuild_threads=#：在紧凑备份重建辅助索引的线程数，只有和 --prepare 和 rebuild-index 一起才生效。

--stats：xtrabakcup 扫描指定数据文件并打印出索引统计。

--stream=name：将所有备份文件以指定格式流向标准输出，目前支持的格式有 xbstream 和 tar。

--suspend-at-end：使 xtrabackup 在 --target-dir 目录中生成 xtrabakcup_suspended 文件。在复制数据文件之后 xtrabackup 不是退出而是继续拷贝日志文件并且等待知道 xtrabakcup_suspended 文件被删除。这项可以使 xtrabackup 和其他程序协同工作。

--tables=name：正则表达式匹配 database.tablename。备份匹配的表。

--tables-file=name：指定文件，一个表名一行。

--target-dir=DIRECTORY：指定 backup 的目的地，如果目录不存在，xtrabakcup 会创建。如果目录存在且为空则成功。不会覆盖已存在的文件。

--throttle=#：指定每秒操作读写对的数量。

--tmpdir=name：当使用 --print-param 指定的时候打印出正确的 tmpdir 参数。

--to-archived-lsn=LSN：指定 prepare 备份时 apply 事务日志的 LSN，只能和 xtarbackup --prepare 选项一起用。

--user-memory = #：通过 --prepare prepare 备份时候分配多大内存，目的像 innodb_buffer_pool_size。默认值 100MB 如果你有足够大的内存。1～2GB 是推荐值，支持各种单位 (1MB,1M,1GB,1G)。

--version：打印 xtrabackup 版本并退出。

--xbstream：支持同时压缩和流式化。需要客服传统归档 tar, cpio 和其他不允许动态 streaming 生成的文件的限制，例如，动态压缩文件，xbstream 超越其他传统流式/归档格式的的优点是并发 stream 多个文件并且更紧凑的数据存储（所以可以和 --parallel 选项选项一起使用 xbstream 格式进行 streaming）。

4) Xtrabackup 企业级增量备份实战

背景：某大型网站，MySQL 数据库，数据量 500GB，每日更新量 100MB～200MB。

备份策略：xtrabackup，每周六 1:00 进行全备，周一到周五及周日 1:00 进行增量备份。

故障场景：周三 14:00 出现数据库意外删除表操作。

恢复思路：

(1) 断开所有应用？

(2) 检查备份是否存在？

(3) 怎么快速、安全恢复？

具体流程：

(1) 将周六全备执行 redo；
(2) 将周日增备只执行 redo 并合并到周六全备；
(3) 将周一增备只执行 redo 并合并到周六全备；
(4) 将周二增备执行 redo 和 undo 并合并到周六全备；
(5) 将合并到周六的数据整体执行一次 CSR；
(6) 通过 binlog 日志将周三数据导出；
(7) 通过 xtrabackup 将数据恢复；
(8) 将 binlog 日志导入数据库。

案例模拟：

```
#1.创建目录
[root@db02 backup]# mkdir -p /backup/full
[root@db02 backup]# mkdir -p /backup/ inc1 inc2
#2.周日全备
[root@db02 ~]# innobackupex --user=root --password=123456  --no-timestamp /backup/full/
#3.模拟数据变化
mysql> use oldboy
mysql> insert into test values(8,'outman',99);
mysql> insert into test values(9,'outgirl',100);
mysql> commit;
#4.周一增量备份
[root@db02 ~]# innobackupex --user=root --password=123456 --incremental --no-timestamp --incremental-basedir=/backup/full/ /backup/inc1
#5.模拟周二数据变化
mysql> use oldboy
mysql> insert into test values(10,'outman1',119);
mysql> insert into test values(11,'outgirl1',120);
mysql> commit;
#6.周二增量备份
[root@db02 ~]# innobackupex --user=root --password=123456 --incremental --no-timestamp --incremental-basedir=/backup/inc1 /backup/inc2
# 在插入新的行操作
mysql> use oldboy
mysql> insert into test values(12,'outman2',19);
mysql> insert into test values(13,'outgirl2',20);
mysql> commit;
#7.模拟场景：周二下午误删除 test 表
mysql> use oldboy;
mysql> drop table test;
```

```
#8. 准备恢复
#8.1 准备 XtraBackup 备份
innobackupex --apply-log --redo-only /backup/full/
innobackupex --apply-log --redo-only --incremental-dir=/backup/inc1 /backup/full/
innobackupex --apply-log --incremental-dir=/backup/inc2 /backup/full/
#最后应用全备
innobackupex --apply-log /backup/full/
#8.2 确认 binlog 起点
[root@db02 ~]# cd /backup/inc2/
[root@db02 inc2]# cat xtrabackup_binlog_info
mysql-bin.000001    960
[root@db02 inc2]#
#8.3 截取 drop 操作之前的 binlog
mysqlbinlog --start-position=960 /tmp/mysql-bin.000001
#找到 drop 之前的 events 和 position 号做截取，假如到 1437,导出 binlog
 mysqlbinlog mysql-bin.000001 --start-position=554 --stop-position=771 > /backup/binlog.sql
#导入 binlog
set sql_log_bin=0;
source /backup/binlog.sql
#8.4 关闭数据库，备份二进制日志
/etc/init.d/mysqld stop
cd /application/mysql/data/
cp mysql-bin.000001  /tmp/
#8.5 删除 MySQL 所有数据
cd /application/mysql/data/
rm -rf *
#9.恢复数据
 innobackupex --copy-back /backup/full
 chown -R mysql:mysql /application/mysql/data/
/etc/init.d/mysqld start
```

出现了新的问题，恢复窗口要多长时间？预计 3 小时，数据很大，但是只是误删除了一张表，那么就只需要把这个表恢复了就可以了。

（1）导出表是在备份的 prepare 阶段进行的，因此，一旦完全备份完成，就可以在 prepare 过程中通过 --export 参数将某表导出。"innobackupex --apply-log --export /path/to/backup;"命令会为每个 innodb 表的表空间创建一个以 .exp 结尾的文件，这些以 .exp 结尾的文件则可以用于导入至其他服务器。

（2）导入表要在 MySQL 服务器上导入来自于其他服务器的某 innodb 表，需要先在当前服务器上创建一个跟原表表结构一致的表，而后才能实现将表导入。

```
mysql> CREATE TABLE mytable (...)  ENGINE=InnoDB;
```

然后将此表的表空间删除"mysql> ALTER TABLE mydatabase.mytable DISCARD TABLESPACE;"接下来，将来自于导出表的服务器的 mytable 表的 mytable.ibd 和 mytable.exp 文件复制到当前服务器的数据目录，然后使用如下命令将其导入。

```
mysql> ALTER TABLE mydatabase.mytable  IMPORT TABLESPACE;
```

小　结

本章介绍了 MySQL 中一些常见函数的功能和用法，对 MySQL 提供的多种对数据进行备份和恢复的方法进行了详细论述，并在课后补充大量实例以供读者参考。

经典习题

1. 计算 18 除以 7 的商和余数。
2. 修改字符串 "learn" 的字符集为 GB 2312。
3. 同时备份 test 数据库中的 student 和 teacher 表，然后删除两个表中的内容并恢复。